能源材料与化学电源综合实验教程

编　著　钟洪彬　胡传跃　刘　鑫
陈占军　吴腾宴　游从辉

西南交通大学出版社
·成都·

图书在版编目（CIP）数据

能源材料与化学电源综合实验教程 / 钟洪彬等编著.
—成都：西南交通大学出版社，2018.7
ISBN 978-7-5643-6254-6

Ⅰ. ①能… Ⅱ. ①钟… Ⅲ. ①锂离子电池 - 材料 - 高等学校 - 教材②锂离子电池 - 电极 - 材料 - 高等学校 - 教材 Ⅳ. ①TM912

中国版本图书馆 CIP 数据核字（2018）第 138827 号

能源材料与化学电源综合实验教程

编著 / 钟洪彬　胡传跃　刘　鑫
陈占军　吴腾宴　游从辉

责任编辑 / 牛　君
封面设计 / 何东琳设计工作室

西南交通大学出版社出版发行
（四川省成都市二环路北一段 111 号西南交通大学创新大厦 21 楼　610031）
发行部电话：028-87600564　028-87600533
网址：http://www.xnjdcbs.com
印刷：四川森林印务有限责任公司

成品尺寸　185 mm × 260 mm
印张　5.5　　字数　115 千
版次　2018 年 7 月第 1 版　　印次　2018 年 7 月第 1 次

书号　ISBN 978-7-5643-6254-6
定价　22.00 元

课件咨询电话：028-87600533
图书如有印装质量问题　本社负责退换

前 言

能源材料与化学电源综合实验是材料化学和新能源材料与器件专业开设的一门非常重要的理论实践结合课程。但目前国内外尚无该门课程统一、规范、完备的实验教程，多数学校相关实验与其他基础学科交叉教学，实验课程讲授文本以教师自编讲义为主，实验内容脱胎于无机材料实验、仪器分析实验等课程，缺乏特定专业针对性，并且脱离行业生产实践，难以满足特色应用型本科人才的培养要求。针对目前国内高校材料化学和新能源材料与器件专业发展趋势以及应用型人才培养要求，我们组织编写了这本具有专业和行业针对性，能紧密结合企业生产实践来培养人才的特色实验教材。

当前新能源材料和化学电源领域技术日新月异，新技术、新工艺不断涌现。这一切变化使我们意识到，作为培养高等应用型技术人才的高等院校，必须顺应时代发展的要求，及时调整教学内容。为此，我们在自编讲义基础上，调整教学内容，及时将能源材料和化学电源技术发展的最新动态纳入教材，力争使我们培养的学生不仅能够与时代同步，而且能够走在学科发展的前沿，为社会输送大批优秀的应用型高级工程技术人才和研究型技术人才。

本教材以锂离子电池和电极材料为主线，先简单介绍了锂离子电池及电池材料的相关基础知识，然后按电极材料制备、电极材料表征、电极制备、电池组装和电池电性能测试设计编排相关实验，力求让读者由浅入深，了解锂离子从材料制备、表征到电池制作、性能测试全过程。

本教材可作为高等学校相关专业学生使用的教材，亦可供科研人员和工程技术人员参考。

由于编者水平有限，书中难免有不足和疏漏之处，敬请广大读者批评指正。

编 者

2017 年 12 月

前 言

能源材料与化学电源综合实验是材料化学和新能源材料与器件专业开设的一门非常重要的理论实践结合课程。但目前国内外尚无这门课程统一、规范、完备的实验教材，多数学校将该实验与其他理论课程交叉教学，实验课程讲义以本校教师自编讲义为主，实验内容局限于无机材料实验、仪器分析实验等课程，缺乏特定专业针对性，并且脱离行业生产实践，难以满足特定应用型本科人才的培养要求。针对目前国内高校材料化学和新能源材料与器件专业发展趋势以及应用型人才培养要求，我们组织编写了这本具有专业和行业针对性、能紧密结合企业生产实践来培养人才的特色实验教材。

当前新能源材料和化学电源领域技术日新月异，新技术、新工艺不断涌现，这一切变化使我们意识到，作为培养高等应用型技术人才的高等院校，必须顺应时代发展的要求，及时调整教学内容。为此，我们在自编讲义基础上，调整教学内容，及时将能源材料和化学电源新技术发展的最新动态纳入教材，力争使我们培养的学生不仅能够与时代同步，而且能够走在学科发展的前沿，为社会输送大批优秀的应用型高级工程技术人才和研究型技术人才。

本教材以锂离子电池和电极材料为主线，先简单介绍了锂离子电池及电极材料的相关基础知识，然后按电极材料制备、电极材料表征、电极制备、电池组装和电池电性能测试设计编排相关实验，力求让读者由浅入深，了解电极材料从材料制备、表征到电池制作、性能测试全过程。

本教材可作为高等学校相关专业学生使用的教材，亦可供有关人员和工程技术人员参考。

由于编者水平有限，书中难免有不足和疏漏之处，敬请广大读者批评指正。

编 者

2017年12月

目 录

绪 论

一、能源材料与化学电源综合实验的学习目的

能源材料与化学电源综合实验是能源材料与器件专业方向学生必修的一门课程。通过实验教学可以帮助学生巩固和增加课堂中所学知识，为理论联系实际提供了具体的条件，通过各种实验项目，介绍有关的基本原理、基本手段、基本仪器、基本操作技术与有关的基本知识。通过这种多层次、全面系统的实验训练，应达到下列要求：

（1）学生初步了解能源材料与化学电源制备、表征与检测的研究方法，掌握与之有关的基本实验技术和常见仪器的使用方法。

（2）通过学生自己准备和进行实验，仔细地观察和分析实验现象，归纳实验结论，从而培养独立工作和思考的能力。在上述基础上，巩固并加深学生对能源材料和化学电源基本原理与概念的理解，增强解决实际问题的能力。

（3）通过训练学生的动手能力、观察能力、查阅文献能力、思维能力、想象能力、表达能力，使学生从大学阶段开始便逐步养成严谨求实、开拓进取的科学态度和工作作风，为以后的学习和工作打好基础。

二、能源材料与化学电源综合实验的学习方法

能源材料与化学电源综合实验的学习，除了需要有明确的学习目的和严格遵守实验室守则之外，还需要掌握学习方法。现将学习能源材料与化学电源综合实验的方法进行简要介绍。

1．认真预习

（1）认真阅读实验教材及指定的教科书和参考资料。

（2）明确实验目的，回答实验教材中的思考题，理解实验原理。

（3）熟悉实验内容，了解基本操作和仪器的使用，以及注意事项。

（4）写出预习报告（内容包括简要的原理、步骤，做好实验的关键，应注意的安全问题等）。

2．做好实验

实验过程中要做到：

（1）严守纪律，保持肃静，认真按照实验内容（步骤）和操作规程进行实验，仔

细观察现象，真实地做好详细记录。

（2）遇到问题，要善于分析，力争自己解决问题。如果观察到的实验现象与理论不符，先要尊重实验事实，然后加以分析，必要时重复实验进行核对，直到从中得出正确的结论。疑难问题可以同教师讨论。若实验失败，找出原因，经教师同意，重做实验。

（3）保持实验室整洁，实验耗材等无毒无害废物只能丢入废物缸内，规定回收的废液一定要倒入回收容器内，决不许倒入下水道，要养成良好习惯。

（4）爱护实验室财产，小心使用仪器和设备，节约药品、水、电和各类气体。

3．写好实验报告

实验结束后要及时写好实验报告。报告内容大致如下：

（1）实验目的、原理和内容。

（2）实验记录。包括实验现象、原始数据。

（3）实验结果。包括对实验现象进行分析和解释；对改变实验条件所得实验结果所呈现的规律进行归纳总结；对原始数据进行处理，以及对实验结果进行讨论；对实验内容和实验方法提出改进意见等。

对于实验报告的格式，可根据不同的实验写出不同的格式。

三、能源材料与化学电源综合实验的安全操作

安全是实验工作者要特别注意的大事。安全不仅关系到个人安危，而且关系到国家财产和其他人的生命安全。在能源材料与化学电源综合实验中，需使用易燃、易爆、易腐蚀或有毒性的化学试剂，大量使用易损的玻璃仪器和某些精密分析仪器，使用水、电、氧气等。故在实验室做实验时，首先必须在思想上十分重视安全问题，绝不能麻痹大意。其次在实验前应充分了解本实验原理、步骤和安全注意事项。仔细检查仪器的质量和安装是否良好，并严格遵守操作规程，避免事故发生。为确保实验的正常进行和人身安全，特制订以下实验室的安全守则：

（1）水、电一经使用完毕应立即关闭。离开实验室时应仔细检查水、电、气，门、窗是否均已关好。

（2）实验室内严禁饮食、吸烟。一切化学药品禁止入口。实验完毕，必须洗净双手。

（3）绝对不允许任意混合各种化学药品，以免发生意外事故。

（4）一切用到易挥发的和易燃的物质的实验，都应在远离火源的地方进行。产生有刺激性或有毒气体的实验，必须在通风橱内进行。需闻气体气味时，试管口应离面部 20 cm 左右，用手轻轻扇向鼻孔，不能对着管口去闻。

（5）浓酸、浓碱具有强烈的腐蚀性，切勿溅在皮肤和衣服上，眼睛更应注意保护。稀释它们时（特别是 H_2SO_4）应将它们慢慢倒入水中，并不断搅动，而不能反向进行，

以避免迸溅。

（6）有毒药品（如重铬酸钾、钡盐、铅盐、砷的化合物，特别是氰化物）不得入口或接触伤口，剩余的废液也不能随便倒入下水道。

（7）加热试管时，不要将试管口指向自己或别人，也不要俯视正在加热的液体，以免溅出的液体烫伤人。

（8）未经教师许可，不得随意做规定以外的实验。实验室所有仪器、药品，不得带出室外。

（9）分析天平、热重分析仪、XRD、激光粒度分析仪等均为实验中使用的精密仪器，使用时应严格遵守操作规程。用完后，及时关闭仪器。

第一章　能源材料与化学电源基础知识

第一节　化学电源简介

一、化学电源工作原理与结构组成

化学电源也叫化学电池或电池，是一种通过化学反应将化学能直接转化成电能的装置。化学电源作为一种能量转换装置，在实现化学能直接转换成直流电能的过程中，必须具备两个必要条件：

（1）化学反应中失去电子的过程（即氧化过程）和得到电子的过程（即还原过程）必须分隔在两个不同区域进行。

（2）物质在进行转变的过程中，电子必须通过外电路。

化学电源一般由电极（包括正极和负极）、电解质、隔膜和外壳组成，如图 1-1 所示。

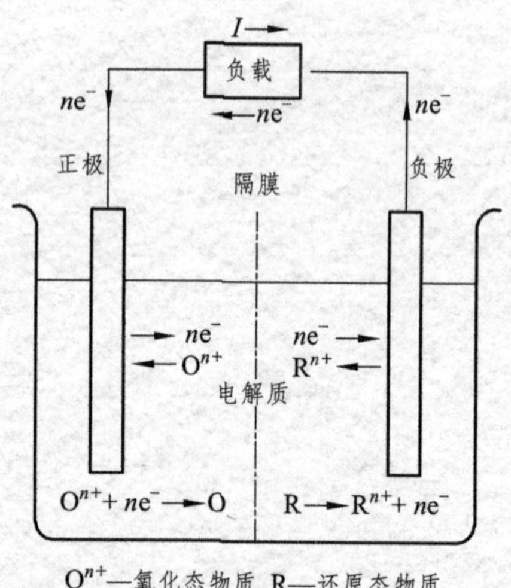

图 1-1　化学电源结构

电极是电池的核心部分，由活性物质和导电骨架组成。活性物质是指正、负极中参加成流反应的物质，是决定化学电源基本特性的重要部分。活性物质多为固体，也有液体和气体。对活性物质的要求是电化学活性高，组成电池的电动势高，即自发反应的能力强，质量比容量和体积比容量大，在电解液中化学稳定性好，电子导电性好，资源丰富，价格便宜。导电骨架也叫集流体，它的作用是把活性物质与外电路接通，并使电流分布均匀，另外还起到支撑活性物质的作用。

电解质主要用于正负极之间的离子电荷传导。有的电解质还参与成流反应，因此一般选用一些高离子导电性的物质。对电解质的要求是化学稳定性好，在储存期间电解质与活性物质界面间的电化学反应速率慢，这样可以减小电池的自放电容量损失。此外，对电解质还要求电导率高，溶液的欧姆电压降小，这样有利于降低电池内阻。无论是液态电解质还是固体电解质，都要求具有离子导电性，而不具有电子导电性。目前常用的电解质以水溶液体系居多，但也有有机溶剂电解质、熔融盐电解质甚至固体电解质应用于一些新型化学电源和特种电源中。

隔膜置于电池正负极之间，其主要作用是防止正负极活性物质直接接触形成电子导电通路，造成电池内部短路。隔膜的好坏直接影响电池的性能和寿命。对隔膜一般要求其在电解液中具有良好的化学和电化学稳定性，具有一定机械强度和抗弯曲能力，能耐受电极活性物质氧化和还原作用；同时隔膜应对电解质离子运动阻力较小，但对电子绝缘，并能阻挡从电极上脱落的活性物质微粒和枝晶生长。

外壳是电池的容器。现有化学电源中，除锌锰干电池选用锌电极兼做外壳外，其他电池一般选用非活性物质做外壳。电池外壳要求机械强度高、耐震动和冲击，并能耐受高低温环境变化及电解液腐蚀。常见的电池外壳材料包括金属、塑料和硬橡胶等。

二、化学电源的类型

1. 按工作方式分类

化学电源按工作方式可分为一次电池和二次电池。

（1）一次电池

该种电池又称原电池，如果原电池中电解质不流动，则称为干电池。由于电池反应本身不可逆或可逆反应很难进行，电池放电后不能充电再用。如：

锌锰干电池：（ – ）Zn | NH_4Cl+$ZnCl_2$ | MnO_2（+）

碱性锌锰电池：（ – ）Zn | KOH | MnO_2（+）

锌汞电池：（ – ）Zn | KOH | HgO（+）

镉汞电池：（ – ）Cd | KOH | HgO（+）

锌银电池：（ – ）Zn | KOH | Ag_2O（+）

碱性锌空气电池：（ – ）Zn | KOH | O_2（+）

锂电池。

（2）二次电池

习惯上又称蓄电池，即能反复多次充放电，循环使用的一类电池。如：

铅酸电池：（ – ）Pb | H_2SO_4 | PbO_2（+）

镍镉电池：（–）Cd | KOH | NiOOH（+）

氢镍电池：（–）H_2 |KOH | NOOH（+）

金属氢化物-镍（MH-Ni）电池；

固体电解质电池（钠-硫电池）;

液态锂离子电池；

聚合物锂离子电池。

2．两类特殊形式的电池

（1）贮备电池

这种电池又称“激活电池”，其正、负极活性物质在贮存期不直接接触，使用前临时注入电解液或用其他方法使电池激活。如：

锌银电池：（–）Zn | KOH | Ag_2O（+）

镁银电池：（–）Mg | $MgCl_2$ | AgCl （+）

铅高氯酸电池：（–）Pb | $HClO_4$ | PbO_2（+）

（2）燃料电池

该类电池又称“连续电池”，即将活性物质连续注入电池，使其连续放电。如：

氢氧燃料电池：（–）H_2 |KOH | O_2（+）

三、化学电源的性能参数

1．电池电动势 E

电池的电动势 E 是在通过电池的电流趋于零时两极间的电势差，它等于构成电池的各相界面上所产生电势差的代数和。两极各自的电势可通过能斯特方程计算。

2．电池阻抗 Imp 和电池内阻 R

电池阻抗 Imp 由欧姆电阻、双电层电容（电极/溶液界面）和法拉第阻抗（与电极反应时电极/溶液界面电荷传递相对应的阻抗）三部分组成。由于有电容，电池阻抗必然与电流（或电压）频率有关。

电池内阻 R 又称全内阻，是指电流流过电池时所受到的阻力，它包括欧姆内阻和电化学反应中电极极化引起的内阻。欧姆电阻由电极材料、电解液、隔膜电阻及各部分零件的接触电阻组成。极化内阻是指化学电源的正极与负极在进行电化学反应时，因极化所引起的电阻，包括电化学极化、浓差极化引起的电阻。

3．开路电压 U 和工作电压 U_L

开路电压是指外电路没有电流流过时，电极之间的电位差 U，由于极化等的影响，一般开路电压小于电池电动势。工作电压 U_L 又称放电电压或负荷电压，是指有电流通过外电路时，电池两极间的电位差。工作电压总是低于开路电压，因为电流流过电池内部时，必须克服极化电阻和欧姆电阻所造成的阻力。

开路电压：

$$U = E - \eta^{+} - \eta^{-} \tag{1-1}$$

工作电压：

$$U_{L} = U - IR \tag{1-2}$$

式中　η^{+}——正极极化过电位（绝对值）；

η^{-}——负极极化过电位（绝对值）；

I——工作电流。

电池的工作电压与放电制度有关，即放电时间、放电电流、环境温度、终止电压等都影响电池的工作电压。

4．充电方法

充电方法分恒流充电和恒压充电两种。通常用到的方法是先恒流充电至某一上限电压，再恒压充电至某一下限电流。

5．放电方法

放电方法分恒流放电和恒阻放电两种。此外，还有连续放电与间歇放电。连续放电是指在规定放电条件下，连续放电至终止电压。间歇放电是指电池在规定的放电条件下，放电间断进行，直到所规定的终止电压为止。

6．终止电压

电池放电时，电压下降到不宜再继续放电的最低工作电压称为终止电压。一般在低温或大电流放电时，终止电压较低。因为这种情况下，电极极化大，活性物质不能得到充分利用，电池电压下降较快。小电流放电时，终止电压可高一些。因为小电流放电，电极极化小，活性物质能得到充分利用。

7．放电电流和放电率

在谈到电池容量或能量时，必须指出放电电流大小或放电条件，通常用放电率表示。放电率指放电时的速率，常用“时率”和“倍率”表示。时率是指以放电时间（h）表示的放电速率，即以一定的放电电流放完额定容量所需的时间（单位：h）。例如，电池的额定容量为 30 A·h，以 2 A 电流放电，则时率为 30/2 = 15，称电池以 15 小时率放电。“倍率”指电池在规定时间内放出其额定容量所输出的电流值，数值上等于额定容量的倍数。例如，2“倍率”放电，表示放电电流数值为额定容量的 2 倍，若电池容量为 3 A·h，那么放电电流应为 2 × 3 = 6（A）。换算成小时率则是 3/A = 1/2 小时率。

电池放电电流（I）、电池容量（C）、放电时间（t）之间的关系为：

$$I = C/t \tag{1-3}$$

“倍率”习惯用 C 表示，$2C$ 放电就是 2“倍率”放电。“倍率”放电是我们的习惯说法，如：

0.2C 放电——放电时间 $t = 1/0.2 = 5$（h），放电电流 I = 电池容量 × 0.2 A

0.5C 放电——放电时间 $t = 1/0.5 = 2$（h），放电电流 I = 电池容量 × 0.5 A

1C 放电——放电时间 $t = 1/1 = 1$（h），放电电流 I = 电池容量 × 1 A

2C 放电——放电时间 $t = 1/2 = 0.5$（h），放电电流 I = 电池容量 × 2 A

0.2C、0.5C、1C、2C 充电也是类似的意思。

8．电池的容量与比容量（Capacity）

电池容量是指在一定的放电条件下可以从电池获得的电量，分为理论容量、实际容量和额定容量。

活性物质的理论容量（C_0）为：

$$C_0 = 26.8nm/M = m/q_0 \tag{1-4}$$

式中 C_0——理论容量，A·h；

m——活性物质完全反应的质量，g；

M——活性物质的摩尔质量；

n——成流反应得失电子数；

q_0——活性物质电化当量。

实际容量（C_a）是指在一定的放电条件下，电池实际放出的电量。

恒电流放电时为：

$$C_a = It \tag{1-5}$$

额定容量（C_r）是指在设计和制造电池时，规定电池在一定放电条件下应该放出的最低限度的电量。实际容量总是低于理论容量，所以活性物质的利用率为：

$$\eta = C_a / C_0 \times 100\% \tag{1-6}$$

为了对不同的电池进行比较，引入比容量概念。比容量是指单位质量或单位体积电池所给出的容量，称质量比容量 C'_m（单位：A·h/g）或体积比容量 C'_V（单位：A·h/L）。

$$C'_m = C_a / m \tag{1-7}$$

$$C'_V = C_a / V \tag{1-8}$$

式中 m——电池质量，g；

V——电池体积，L。

电池容量是指其中正极（或负极）的容量。电池工作时，通过正极和负极的电量总是相等的。因此实际工作中常用正极容量控制整个电池的容量，而负极容量过剩。

9．电池的能量和比能量（Energy）

电池在一定条件下对外做功所能输出的电能叫作电池的能量，单位一般用

W·h 表示。

理论能量是指电池的放电过程处于平衡状态，放电电压保持电动势（E）数值，且活性物质利用率为 100%，在此条件下电池的输出能量为理论能量（W_0），即可逆电池在恒温恒压下所做的最大非膨胀功

$$W_0 = C_0 E \tag{1-9}$$

实际能量：电池放电时实际输出的能量称为实际能量。

$$W = C_a U_{av} \tag{1-10}$$

式中　W——实际能量；

U_{av}——电池平均工作电压。

比能量：单位质量或单位体积的电池所给出的能量，称质量比能量（单位：W·h/g）或体积比能量（单位：W·h/L），也称能量密度。比能量也分理论比能量 W_0' 和实际比能量 W_a'。

理论质量比能量根据正、负两极活性物质的理论质量比容量和电池的电动势计算。

$$W_0' = E/(q^+ + q^-) \tag{1-11}$$

式中　q^+, q^-——正、负极活性物质的电化当量，g/(A·h)。

实际比能量是电池实际输出的能量与电池质量（或体积）之比，即

$$W_a' = C_a U_{av}/m \tag{1-12}$$

或

$$W_a' = C_a U_{av}/V \tag{1-13}$$

式中　m——电池质量；

V——电池体积。

10．电池的功率和比功率（Power）

电池的功率是指在一定放电制度下，单位时间内电池输出的能量（单位：W 或 kW）。比功率是指单位质量或单位体积电池输出的功率（单位：W/kg 或 W/L）。比功率的大小，表示电池承受工作电流的大小。

电池理论功率 P_0 为：

$$P_0 = W_0/t = C_0 E/t = ItE/t = IE \tag{1-14}$$

实际功率 P_a 为：

$$P_a = IU_{av} \tag{1-15}$$

11．储存性能和自放电（Storage and self-discharge）

电池在开路时，在一定条件下（温度、湿度等）储存时容量下降。容量下降

主要是由腐蚀和自放电引起的。自放电速率可用单位时间内容量降低的百分数来表示。

12．循环寿命（Cycle life）

二次电池经历一次充放电，称一个周期。在一定的放电制度下，电池容量降至规定值之前，电池所经受的循环次数，称循环寿命。循环寿命与放电倍率大小有关，通常我们用 1*C* 充放电来测试循环寿命，电池容量降至初始值的 80% 时为我们标定的寿命。

四、化学电源的发展历程

图 1-2 显示了化学电源的发展历程。随着近代科学的发展，最早在 1800 年，意大利人 Volta 就发明了伏打电池，从而揭开了化学电源这一新型能源的发展序幕。伏打电池的出现，标志着人类首次将化学能转化为电能，为能量的转化提供了一个新思路。

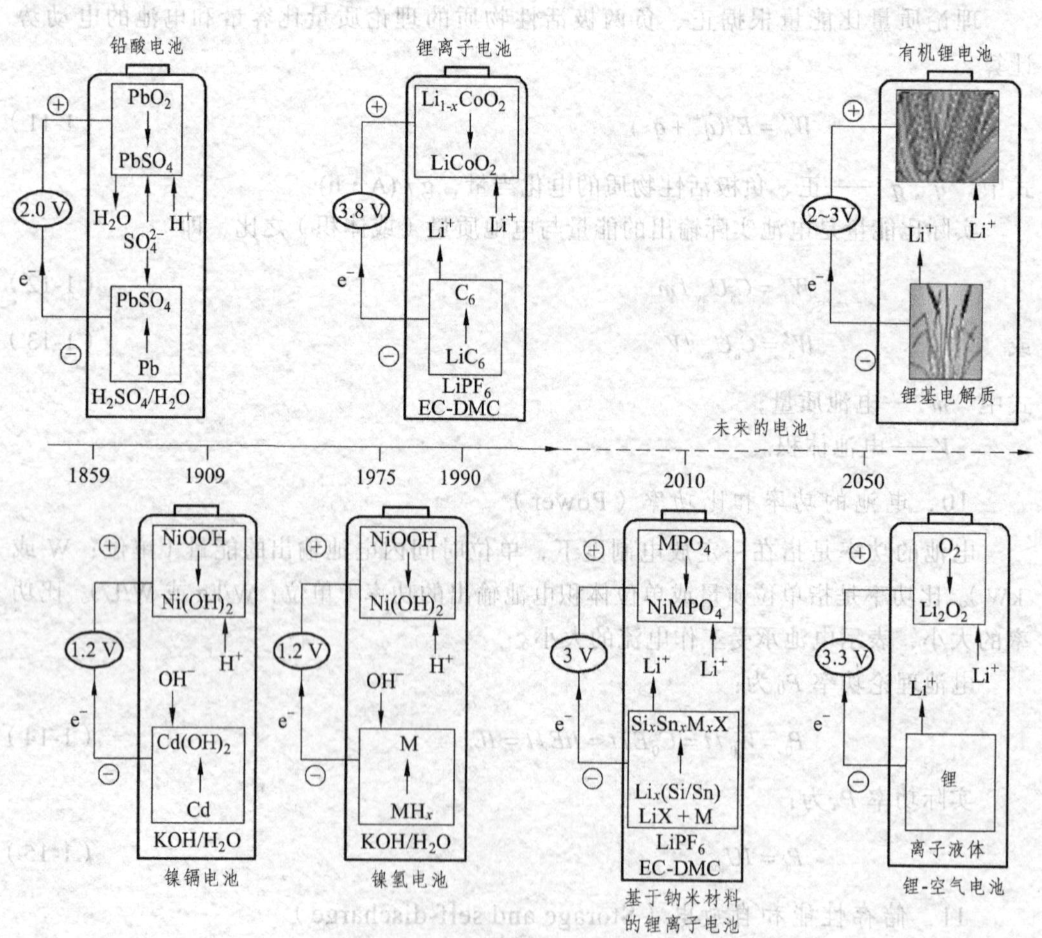

图 1-2　化学电源发展年鉴

接着，1859 年法国人 Plante 成功地研制出了铅酸电池（Pb-Acid），铅酸电池不仅能将电池内部的化学能转化为电能，也能将外部的电能转化为化学能并储存在电池中，在需要使用时再将其释放出来。这是人类第一次发现能够将电能以化学能的形式储存在电池中，同时还可以反复使用，这就是所谓的二次电池，俗称蓄电池。不久，1868 年法国人 Leclanché 又研制出了锌锰电池（$Zn-MnO_2$），1899 年瑞典人 Jiinger 发明了镍镉（Cd-NiOOH）蓄电池。进入 20 世纪后，随着科技的不断发展，人们对电源的性能也提出了更高的要求，促使化学电源向长寿命、小型化、高能量、价格低廉和环境友好的方向发展。1954 年，美国贝尔实验室发现了具有高光电转化效率的硅基半导体材料，并在此基础上成功研发出太阳能电池。在 60 年代的登月计划以及 70 年代的能源危机中，燃料电池迎来了发展的大好机遇，获得了极大的发展。80 年代，美国人 Stanford 使用储氧材料取代镉负极而发明了镍氢电池（MH-NiOOH），其具有高容量、高安全性等优点，获得了市场的广泛关注。

锂具有很强的还原性，在元素周期表中是密度最小的金属元素，当锂或锂合金作为电极材料组装成锂电池时，它的比能量无疑是最高的。锂一次电池体系在 20 世纪 70 年代已经实现了商业化应用，但由于金属锂负极在电池使用过程中容易产生枝晶锂，导致电池内部短路，给用户带来了极大的安全隐患，因此锂一次电池未能得到广泛的商业化应用。接着，Armand 等提出了“摇椅电池”的构想，基于此构想，锂离子二次电池得到了突破性的发展。1991 年，日本 Sony 公司首次采用石墨类层状结构材料作为负极材料，成功地开发出锂二次电池。这种锂离子电池在成功地克服锂一次电池缺点的同时，也保持了锂电池的体积小、质量轻、电压高、比能量高等优点。因此该技术问世后，以惊人的速度实现了规模化和产业化，迅速获得了市场的广泛认同，并且大有进一步普及应用到新能源汽车中的趋势。这将是汽车工业又一次革命性的突破。

第二节　锂离子电池简介

一、锂离子电池概述

锂离子电池目前有液态锂离子电池（LIB）和聚合物锂离子电池（PLIB）两类。其中，液态锂离子电池是指 Li^+ 嵌入化合物，为正、负极的二次电池。目前正极材料主要有层状的 $LiMO_2$ 材料和尖晶石的 LiM_2O_4 等化合物。而负极则主要有石墨等碳基材料以及硅合金和一些氧化物材料等。当然如果直接用 Li 金属做电极，能量密度最高，但在充放电过程中被还原出的 Li 会形成枝晶，刺穿隔离膜而出现短路，所以 Li 金属只适用于一次电池。电解液一般为 $LiClO_4$，$LiPF_6$，$LiBF_4$ 等锂盐的有机溶液，有机溶剂主要是碳酸丙烯酯（PC）、碳酸乙烯酯（EC）、碳酸二乙酯（DEC）以及碳酸二甲酯（DMC）中的两种或多种的混合物。目前常用的隔膜主要有单层或多层的聚丙烯（PP）和聚乙烯（PE）微孔膜。

二、锂离子电池的结构及工作原理

锂离子电池实际上是一种锂离子浓差电池，正负电极由两种不同的锂离子嵌入化合物组成。充电时，Li^+ 从正极脱嵌，经过电解质嵌入负极，负极处于富锂态，正极处于贫锂态，同时电子的补偿电荷从外电路供给到负极，保证负极的电荷平衡。放电时则相反，Li^+从负极脱嵌，经过电解质嵌入正极，正极处于富锂态。在正常充放电情况下，锂离子在层状结构的碳材料和层状结构氧化物的层间嵌入和脱出，一般只引起层面间距变化，不破坏晶体结构，在充放电过程中，负极材料的化学结构基本不变。因此，从充放电反应的可逆性看，锂离子电池反应是一种理想的可逆反应。在充、放电过程中，Li^+在两个电极之间往返嵌入和脱嵌，被形象地称为“摇椅电池”（Rocking Chair Batteries，RCB）。

图 1-3 是锂离子电池的工作原理图。从图中可以看出，锂离子从一个电极中脱出，嵌入电池另一电极的过程。充电时，Li^+ 从电池的正极材料结构中脱出，经过电解液，嵌入负极晶格中。此时，正极处于贫锂态，而负极处于富锂态。同时，为了保持电荷平衡，在外电路中会有相同数量的电子进行传递。放电过程则相反。

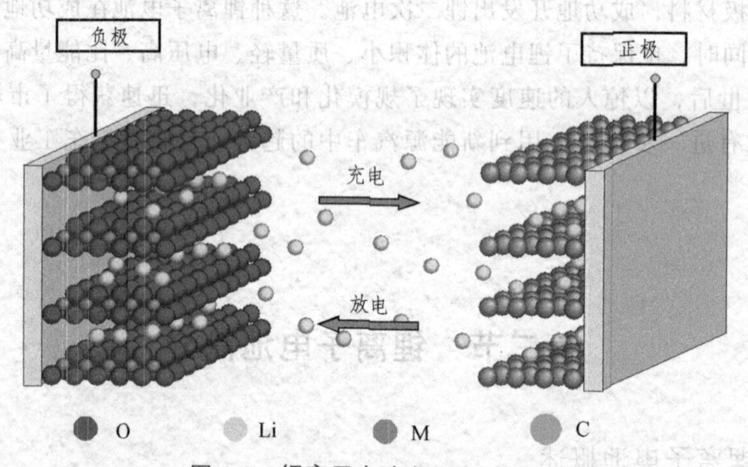

图 1-3　锂离子电池充放电过程示意图

一般情况下，在一个如 C｜$LiPF_6$-EC+DMC｜$LiMO_2$ 的锂离子二次电池中，发生的化学反应为：

正极：$$LiMO_2 \underset{放电}{\overset{充电}{\rightleftharpoons}} Li_{(1-x)}MO_2 + xLi^+ + xe^- \tag{1-16}$$

负极：$$C_y + xLi^+ + xe^- \underset{放电}{\overset{充电}{\rightleftharpoons}} C_yLi_x \tag{1-17}$$

总反应：$$yC + LiMO_2 \underset{放电}{\overset{充电}{\rightleftharpoons}} Li_xC_y + Li_{(1-x)}MO_2 \tag{1-18}$$

当前已经商业化的锂离子电池的电压在 3.0 ~ 4.2 V。其比能量在 100 ~ 200 W · h · kg^{-1}。

商业化锂电池按其结构形状可分为：圆柱形电池、方形电池、纽扣形电池、软包型电池等，见图 1-4。在手机、相机等小型数码产品中，所使用的是锂离子单体电池，一般包括以下部件：正极、负极、电解液、隔膜、正负极极耳、绝缘装置、安全装置、电池壳等。其中正极是锂离子存储的容器。

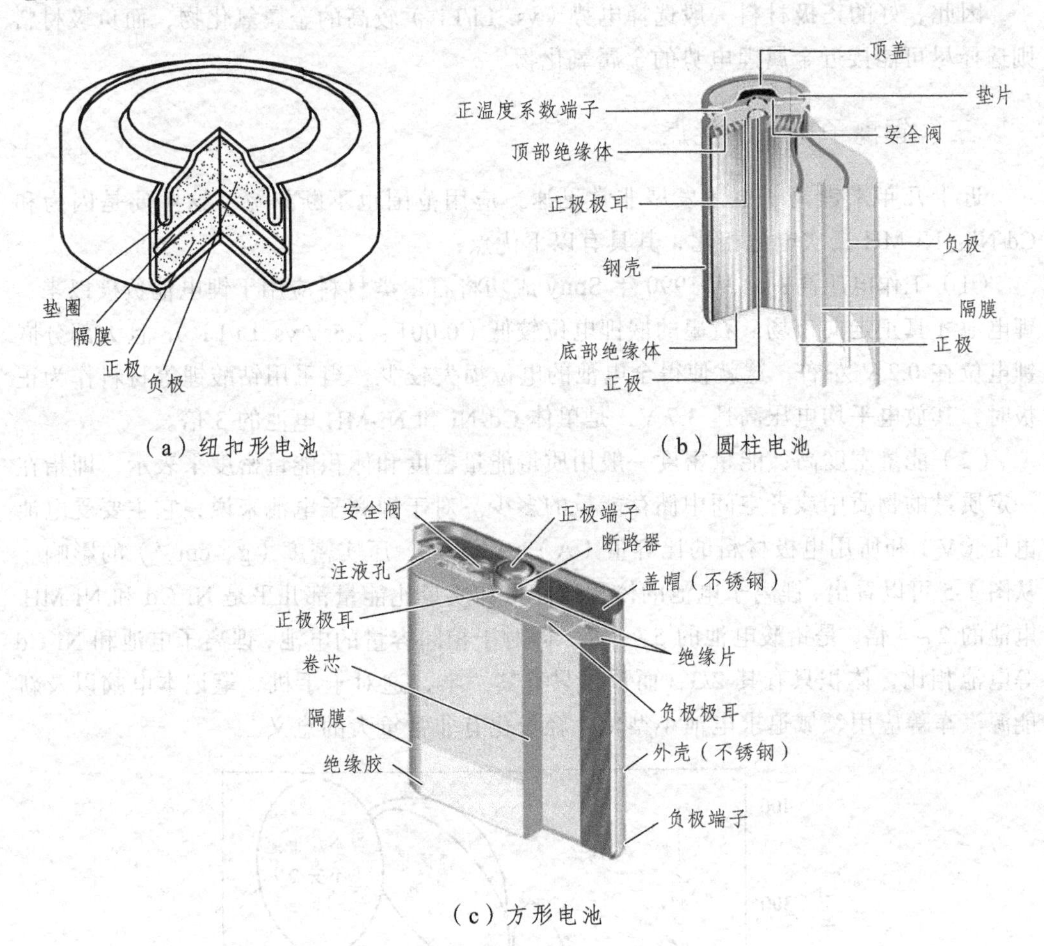

图 1-4　不同类型锂离子电池的结构示意图

聚合物锂离子电池的正极和负极与液态锂离子电池相同，只是原来的液态电解质改为含有锂盐的凝胶或塑化态聚合物电解质。目前，正在研究和开发的电池有正极也采用聚合物的聚合物锂离子电池。聚合物锂离子电池（Polymer Lithium Ion Battery，PLIB）又可称为塑料锂离子电池（PLIB，Plastic Li-ion Battery），电解质是将液态有机电解质吸附在一种聚合物基质上，故被称作凝胶聚合物电解质。这种电解质既不是游离电解质，也不是固体电解质。因此，聚合物锂离子电池不仅具有液态锂离子电池的优良性能，而且可制成任意形状和尺寸，并可制成厚度仅为 1 mm 的极薄电池。一只 12 V 的电池组可以只有 3 mm 厚。由于电池中不存在游离电解质，消除了漏液问题。

因此，电池结构可大大简化，不需要金属外壳和高压排气装置，可以简化甚至取消充电保护装置。

锂离子电池的电压主要取决于正负极之间的化学势。即

$$\Delta G = -nEF \tag{1-19}$$

因此，好的正极材料一般选择电势（vs. Li/Li^+）较高的金属氧化物，而负极材料则选择尽可能接近金属锂电势的金属氧化物。

三、锂离子电池的优点

近十几年来锂离子电池发展非常迅速，应用范围也不断拓宽，这主要是因为和Cd-Ni、Ni-MH二次电池相比，其具有以下优点：

（1）工作电压高：自从1990年Sony成功将石墨类材料应用于锂电池负极以来，锂电池才真正走向市场。石墨的嵌锂电位较低（0.001 ~ 1.5 V vs. Li/Li^+），且大部分嵌锂电位在0.2 V左右，这就使得全电池的电位损失较少。当采用钴酸锂等材料作为正极时，其放电平均电压高达3.7 V，是单体Cd-Ni和Ni-MH电池的3倍。

（2）能量密度高：能量密度一般用质量能量密度和体积能量密度来表示，即指在一定质量的物质中或者空间中储存能量的多少。对于锂离子电池来说，它主要受电池电压（V）和所用电极材料的比容量（$A \cdot h \cdot kg^{-1}$）、压实密度（$g \cdot cm^{-3}$）的影响。从图1-5可以看出，锂离子电池的体积比能量和质量比能量都几乎是Ni-Cd和Ni-MH电池的2 ~ 4倍，是铅酸电池的5 ~ 8倍。即对于相同容量的电池，锂离子电池和Ni-Cd等电池相比，体积只有其2/3，而重量只有其一半，这对于手机、笔记本电脑以及新能源汽车等应用领域追求电池小型化、轻量化有非常重大的意义。

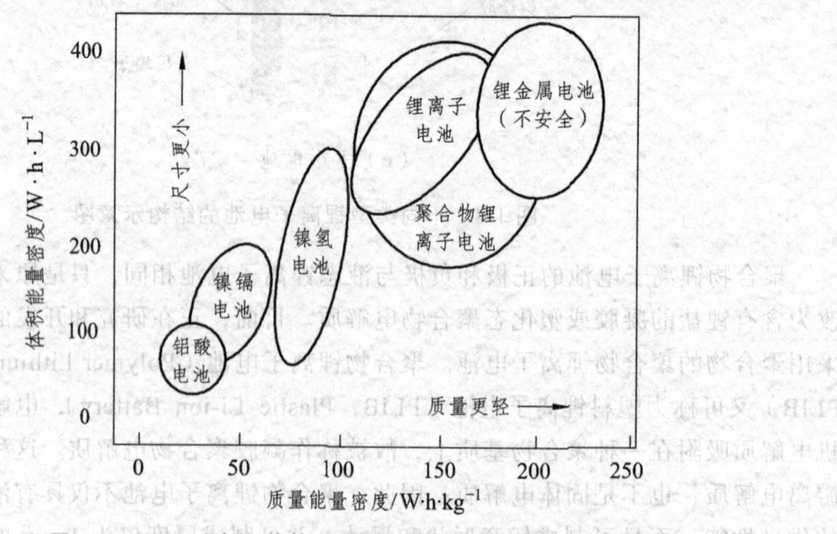

图1-5　不同二次电池体积能量密度和质量能量密度比较

（3）寿命长：负极采用可逆脱嵌锂的碳材料代替金属锂，可以有效减少金属锂在负极表面的沉积，在一定程度上避免了枝晶锂导致的电池内部短路的缺陷，与金属锂电池相比较，可以保证充放电过程中锂离子脱出、嵌入的可逆性，一定程度上延长了使用寿命。当前普通锂电池的循环寿命已达到 500 ~ 1 000 次甚至以上，用钛酸锂等负极制得的动力锂电池，其循环寿命可达几万次。

（4）无公害，无记忆效应：锂离子电池正负极材料不含汞、铅、铬等重金属元素，对环境友好，无污染。而且不存在 Ni-Cd 等电池只能在完全放完电后才能再充电，否则容量就会损失的记忆效应。

（5）自放电率低：在锂离子电池的首次充电过程中，在碳材料负极表面会形成一层主要成分为 Li_2CO_3 的固体电解质界面钝化膜（SEI），它是电子的绝缘体，只有离子可以通过，所以能有效地抑制自放电。当前商业化锂离子电池的自放电率普遍在 5%/月以下。

（6）工作温度范围宽：锂离子电池的电解质是有机体系，在 – 30 ~ 60 °C 的温度范围内都可以良好地工作，另外，据报道，已有一些厂家能做到 – 40 °C 下充放电。

四、锂离子电池正极材料简介

自锂离子电池被商业化以来，正极材料的质量直接决定着电池的质量，所以选择和制备高性能的正极材料是解决锂离子电池应用方面存在的诸多问题的关键。在选择作为锂离子关键材料的正极材料时，主要考虑以下几个方面：

（1）能量密度：锂离子电池的能量密度取决于材料的可逆容量、平台电压和极片压实密度。根据电极理论容量的计算公式［$C_0 = 26.8nm/M$（A · h），其中 n 为得失电子数目，m 为活性物质质量，M 为活性物质的摩尔质量］。一方面，对于材料的可逆容量，我们在选择正极材料的时候要选择分子量尽可能低、体积尽可能小并且拥有尽可能多的活性锂离子（即在充放电过程中能够脱出/嵌入的锂离子）的材料；另一方面，平台电压取决于嵌入型化合物中金属离子的氧化还原电位，只有较高的氧化还原电位才能保证较高的工作电压。

（2）倍率性能：倍率性能与正极材料本身的离子和电子迁移率有很大关系，只有具有较高的离子和电子迁移速率的正极材料才能提供较好的倍率性能。

（3）循环性能：循环性能取决于材料在电池充放电过程中，锂离子在脱出和嵌入时，材料结构的稳定性。结构越稳定，循环性能就越好。

（4）安全性能：电极材料在设定的充放电电压范围内，具有很好的热稳定性，不与电解质中的组分发生化学反应，不放出气体等。

（5）成本：选择过渡态金属元素时应尽可能地选择在地壳中含量丰富且无毒的元素，比如 Mn，Fe，Ni 等。

目前已经商品化的锂离子电池正极材料，根据其结构大致可分成三大类：第一类是具有六方层状结构的锂金属氧化物 $LiMO_2$（M = Co，Ni，Mn），属 $R3m$ 空间群，其代表材料主要有钴酸锂（$LiCoO_2$）和三元镍钴锰（NCM）酸锂、镍钴铝（NCA）酸锂材料（NCM：$LiNi_xCo_yMn_zO_2$，$x+y+z = 1$；NCA：$LiNi_xCo_yAl_zO_2$，$x+y+z = 1$）；第二类是具有 $Fd3m$ 空间群的尖晶石结构材料，其代表材料主要有 4 V 级的 $LiMn_2O_4$；第三类是具有聚阴离子结构的化合物，其代表材料主要有橄榄石结构的磷酸亚铁锂 $LiFePO_4$。

目前还未实现大批量产业化的有层状材料以及高容量的富锂锰基材料，可表示为 $xLi_2MnO_3\cdot(1-x)LiMn_yM_{1-y}O_2$，其中 M 表示除 Mn 之外的一种或两种金属离子。该材料有较高的放电比容量，$0.2C$ 倍率下可以放出 250 mA·h·g^{-1} 的比容量。5 V 级尖晶石材料，代表材料有 $LiMn_{1.5}Ni_{0.5}O_4$ 材料。聚阴离子材料，主要有磷酸盐和硅酸盐类的材料，代表材料有 $LiFe_xMn_{1-x}PO_4$、$LiVPO_4F$、Li_2FeSiO_4 等。

（一）层状材料

层状嵌入化合物主要是 $LiMO_2$（M = Co，Ni，Mn，V）及其改性衍生物，这类材料具有 α-$NaFeO_2$ 岩盐结构，空间群为 $R-3m$。如图 1-6 所示，在层状岩盐 $LiMO_2$ 结构中，Li^+、M^{3+} 和 O^{2-} 沿 c 轴方向依次排布，形成了 O-Li-O-M-O-Li-O 层状有序的岩盐结构。其中 Li^+ 和 M^{3+} 占据了由 O^{2-} 形成的八面体中心位置。$[MO_6]$ 八面体结构中存在很强的共价键，因而又可认为 $LiMO_2$ 材料具有 $[MO_6]$-Li-$[MO_6]$-Li-$[MO_6]$ 的层状有序排布结构。所以，$[MO_6]$ 八面体层为 Li^+ 提供了二维扩散通道。这使得该类材料具有更高的 Li^+ 扩散效率。由于这些结构上的优点，层状成为非常具有吸引力的正极材料。

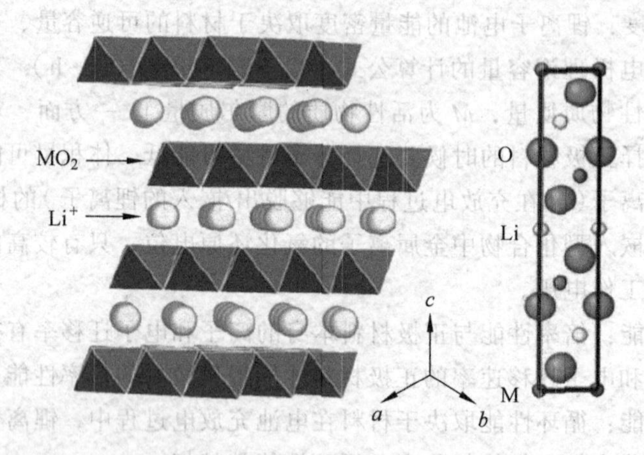

图 1-6　层状 $LiMO_2$ 的结构示意图

1．$LiCoO_2$

1980 年，Goodenough 课题组首次报道了层状 $LiCoO_2$ 可以作为正极材料应用于锂电池中。但是，层状 $LiCoO_2$ 真正应用于商业锂离子电池却是由日本 Sony 公司在 1990 年实现的。如图 1-7 所示，层状 $LiCoO_2$ 属于斜方 $R-3m$ 层状结构，空间群为 $R-3m$。在层状岩盐 $LiCoO_2$ 结构中，氧原子作立方密堆积，锂离子和钴离子交替占据氧的八面体间隙位置，锂离子和钴离子层被氧离子层分开，在（111）晶面方向呈层状排列。锂离子在外电场作用下可以在 CoO_2 层间进行二维脱嵌，同时 CoO_6 骨架结构中过渡金属离子通过变换价态，实现电荷补偿，从而保持材料电中性。

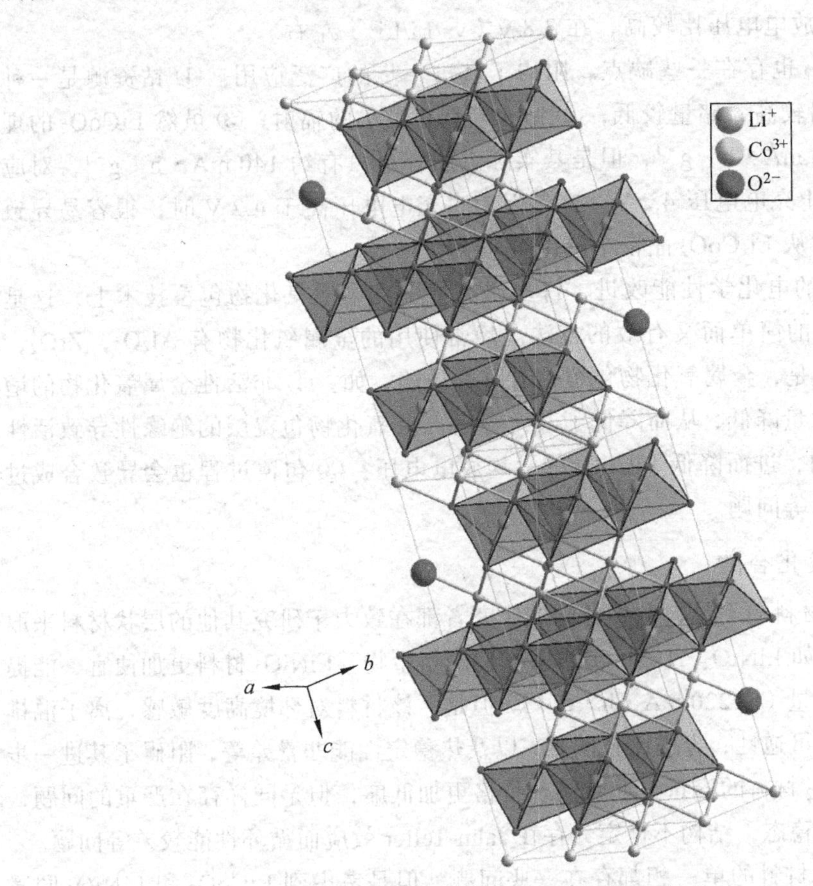

图 1-7　$LiCoO_2$ 的结构示意图

$LiCoO_2$ 作为正极材料的理论容量为 274 mA·h·g^{-1}。根据 Li_xCoO_2 的充放电曲线形状，当 x 在 0 到 1 之间变化时，它表现为明显的三相相变过程。在 $x = 0.92$ 时，首次发生一个六方晶系之间的相变，一般标为：六方晶相Ⅰ和六方晶相Ⅱ。在这个相变过程中，晶格中的 Co^{3+} 被部分氧化成 Co^{4+}，CoO_2 层间的静电排斥随着正电荷的增加而逐渐增大，导致其晶胞参数 c 大大增加；同时，由于 Co^{3+} 半径比 Co^{4+} 大，其晶胞参数 a 会微弱减小。接下来，在 $x = 0.5$ 时，发生第二个相变：六方晶相变为有序的单斜晶相。最后一个相变是有序的单斜晶相转化为无序的单斜晶相。此外，在 $x = 0.75$ 时，还发生一个叫 Insulator-Metal 的电子导电性变化。$LiCoO_2$ 是一种半导体，而 Li_xCoO_2（$x < 0.75$）具有金属性。

$LiCoO_2$ 是一种在当前商业化锂电池中应用最广泛的正极材料，特别是数码类产品所用的小电池。主要原因是：① $LiCoO_2$ 的基本原理和性质被研究多年并已基本研究清楚；② 层状结构是一种最有利于锂离子扩散的结构，因此能获得较高的倍率性能；③ 和其他电池材料相比，$LiCoO_2$ 具有最高的压实密度和相应较大的比容量，因此拥有较高的能量密度；④ 在锂电池制作加工过程，$LiCoO_2$ 具有较好的加工性能；⑤ $LiCoO_2$ 的平均放电电压比较高，在 3.8 V（vs Li/Li^+）左右。

但是，$LiCoO_2$ 也存在一些缺点，阻碍了其进一步的广泛应用。① 钴资源是一种战略资源，其价格较高，储量较低；② 钴元素具有微小的辐射；③ 虽然 $LiCoO_2$ 的理论容量达到了 274 $mA \cdot h \cdot g^{-1}$，但是其实际可用容量只有约 140 $mA \cdot h \cdot g^{-1}$，对应于 $x = 0.5$ 或者截止充电电压 4.2 V。这是因为当充电电压高于 4.2 V 时，很容易导致 Co 溶解和 O 元素从 Li_xCoO_2 晶格中释出。

针对 $LiCoO_2$ 的电化学性能改进，许多研究集中在金属氧化物包覆技术上，这是一种降低 Co 溶解的简单而又有效的方法。经常使用的金属氧化物有 Al_2O_3，ZrO_2，TiO_2，SiO_2 等。但是，金属氧化物包覆也有一些缺陷，如：① 非活性金属氧化物的增加导致活性物的含量降低，从而降低了其比容量；② 氧化物包覆层的绝缘性导致活性材料的过电势增加，进而降低 $LiCoO_2$ 的平均放电电压；③ 包覆过程也会导致合成过程复杂，增加成本等问题。

2．多元层状化合物

由于 $LiCoO_2$ 材料的不足，世界各国的研究者都在致力于研究其他的层状材料来取代 $LiCoO_2$ 材料，如 $LiNiO_2$，$LiMnO_2$ 以及它们的衍生物。$LiNiO_2$ 材料更加便宜，能提供更高的放电比容量（~220 $mA \cdot h \cdot g^{-1}$）。但是，该材料对环境高度敏感，离子混排严重导致其较低的可逆性，合成比较困难，以及热稳定性能非常差等，阻碍了其进一步的商业化。$LiMnO_2$ 材料的容量也非常高，价格更加低廉，但是同样存在严重的问题，如其属于热力学亚稳态，结构不稳定，存在 Jahn-Teller 效应而循环性能较差等问题。

虽然上述三种材料的单一相都存在一些问题，但是考虑到 $LiCoO_2$ 和 $LiNiO_2$ 同属于α-$NaFeO_2$ 结构，与同为层状结构的正交 $LiMnO_2$ 结构类似，而且 Ni、Co 和 Mn 为同周期的相邻元素，因此它们能够很好地形成固溶体并且保持层状结构不变，具有很好的结构互补性以及电化学性能互补性。因此，开发它们的复合多元正极材料成为锂电池正极材料的研究方向之一。1999 年，Liu 等最早报道三元材料可以作为锂离子电池的正极材料。他们用 Co、Mn 取代 $LiNiO_2$ 中的 Ni，用氢氧化物共沉淀法制备了 $LiNi_{1-x-y}Co_xMn_yO_2$ 系列材料，发现 $LiNi_{1-x-y}Co_xMn_yO_2$ 系列材料（简称三元材料）具有高比容量、循环性能优异、成本较低、安全性能较好等特点，较好地兼备三者的优点而且弥补各自的不足。

$LiNi_{1-x-y}Co_xMn_yO_2$ 材料也呈 α-$NaFeO_2$ 层状结构，属于 $R-3m$ 空间群。晶格中锂离子占据 3a 位置，金属离子占据 3b 位置，氧离子占据 6c 位置。一般认为，Ni 的存在使晶胞参数 a 和 c 增大且使 c/a 减小，有助于提高容量；但 Ni^{2+} 含量过高时，Ni^{2+} 与 Li^+ 的混排率增大，导致循环性能恶化。Co 能有效稳定三元材料的层状结构，提高材料的电子导电性和改善倍率性能；但是 Co 比例的增大导致 a 和 c 减小且 c/a 增大，阳离子混排率增大，循环稳定性和放电比容量降低。而 Mn 的存在能降低成本，改善材料的结构稳定性和安全性；但是过高的 Mn 含量使容量降低，破坏材料的层状结构。因此，优化过渡金属元素组成比例成为研究该材料体系的重点。其中，由 Ohzuku 等于 2001 年制备的 $LiNi_{1/3}Co_{1/3}Mn_{1/3}O_2$ 被认为是目前最有希望取代 $LiCoO_2$ 的正极材料。

（二）橄榄石型化合物

用作锂电池正极材料的橄榄石型化合物主要是指过渡金属磷酸盐 $LiMPO_4$（M = Mn, Fe, Co, Ni）。上述材料除了 $LiFePO_4$ 外，单相结构的 $LiMnPO_4$、$LiCoPO_4$ 和 $LiNiPO_4$ 材料的性能均不理想，难以满足实用化的要求。

1. $LiFePO_4$

1996 年，Goodenough 和 Padhi 等首次提出将橄榄石型 $LiFePO_4$ 作为锂离子电池正极材料的构想，该材料因引入高稳定性 PO_4 聚阴离子基团而具有良好的热稳定性和安全性，同时铁和磷元素具有储量丰富、价格低廉和环境友好等优点，因此引起人们极大的兴趣。

橄榄石型 $LiFePO_4$ 属于正交晶系，*Pnma* 空间群，其结构如图 1-8 所示，O 为六方密堆积，P 占据四面体 4c 空隙，形成 $(PO_4)^{3-}$ 聚阴离子，Li 和 Fe 交替占据 $a—c$ 面上的八面体空隙。$LiFePO_4$ 结构在 c 轴平行方向上是链式的，1 个 FeO_6 八面体与 2 个 LiO_6 八面体、1 个 PO_4 四面体共边，形成了三维空间网状结构。由于 P—O 共价键形成了离域的立体三维化学键，$LiFePO_4$ 具有很好的动力学和热力学稳定性。但是，在 $LiFePO_4$ 晶体结构中，电子的传导只能通过 Fe—O—Fe 键的连接，而 FeO_6 又被不导电的 PO_4 四面体所分割，所以材料的电子导电性较差，其值只有 10^{-9} S · cm^{-1} 左右。同时，在充放电过程中，Li^+ 由于受到紧密 O 原子密堆积的影响，在本体材料中的转移受到限制，扩散系数较低（10^{-14} ~ 10^{-11} cm^2 · s^{-1}），而且脱锂后的 $FePO_4$ 相电导率也相当低，对电子在两相间的传递很不利，影响了材料的倍率性能和低温性能。

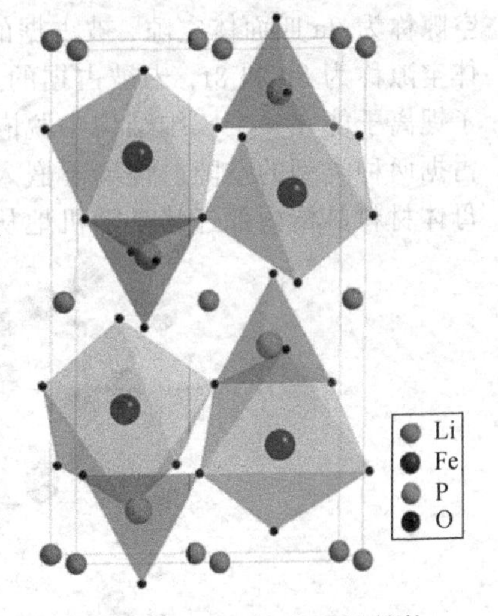

图 1-8　$LiFePO_4$ 的晶体结构

$LiFePO_4$ 材料的理论容量为 170 mA · h · g^{-1}，但其实际容量在 130 ~ 155 mA · h · g^{-1}。此外，该材料的电压平台较低，只有 3.4 V 左右，也严重降低了电池的能量密度。过于平坦的放电曲线与同样平坦的石墨负极搭配时，也为传统电源管理系统（BMS）对电池的 SOC 管理提出了挑战。同时，也对该材料的批次稳定性、电池制作的批次稳定性等工艺过程提出了非常高的要求，而这些又很难在大规模生产中实现，所以，$LiFePO_4$ 材料的大规模应用还存在一些技术瓶颈。

2．$LiMPO_4$（M＝Mn, Ni, Co）

$LiMPO_4$（M＝Mn, Ni, Co）材料同属于橄榄石型结构材料，与 $LiFePO_4$ 相比，它们的放电电压相对高些，$LiMnPO_4$, $LiCoPO_4$ 和 $LiNiPO_4$ 的理论脱嵌锂电位分别是 4.1、4.8 和 5.1 V。但是，$LiMnPO_4$ 的导电性比 $LiFePO_4$ 低，其电极容量非常低，倍率性能和低温性能非常差，同时，其结构也不是很稳定；而 $LiCoPO_4$ 和 $LiNiPO_4$ 由于脱嵌锂的电位高而与现用的有机电解液体系不匹配，在常规的循环电压范围内电化学活性不高，此外也存在结构不稳定的问题。所以，这一类 $LiMPO_4$（M＝Mn, Ni, Co）橄榄石型正极材料要想真正得到广泛应用还面临着许多严峻的挑战性问题。

（三）尖晶石化合物

尖晶石化合物是一种红宝石矿物结构。一般电池材料中提到的尖晶石化合物的结构式表示为 AB_2O_4。其中，A 代表二价金属离子，如 Mn^{2+}，Ni^{2+}，Mg^{2+}，Fe^{2+}，Zn^{2+} 等；B 代表三价金属离子，如 Mn^{3+}，Cr^{3+}，Al^{3+}，Fe^{3+} 等。根据 West 等的研究结果，如图 1-9 所示，尖晶石化合物的结构是一种岩盐结构，基本骨架为 B_2O_4，其中，氧离子为立方密堆积排列，形成两种类型的空隙：一种是由 6 个氧原子包围的八面体空隙，一种是由 4 个氧原子包围的四面体空隙。由于阳离子间的静电排斥作用，相邻的八面体空隙和相邻的四面体空隙都不能同时被阳离子占据，即当八面体空隙为空位时，与之相连的四面体空隙才能被离子占据；反之亦是。在尖晶石结构中，被占据的四面体空隙称为 8a 四面体空隙，被占据的八面体空隙称为 16d 八面体空隙。未被占据的四面体空隙称为 8b 和 8f，未被占据的八面体空隙称为 16c。因此，这种立方体结构就决定了锂离子能在一个三维结构中脱嵌。在嵌入过程中，根据充放电条件，锂离子可能会占据两种类型的空隙。锂离子嵌入的空隙和数量还与母体材料的结构有关。锂离子在母体材料晶格内部迁移是随机地从一个空隙跳跃到另外一个空隙。

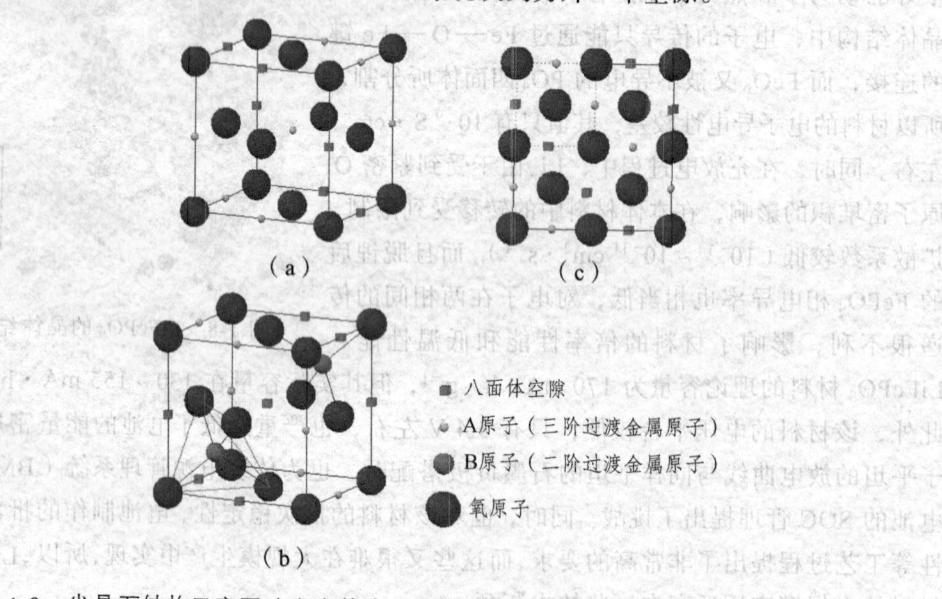

图 1-9　尖晶石结构示意图（立方体中心的八面体空隙和立方体角落的四面体空隙）

1．$LiMn_2O_4$

很多化合物属于尖晶石结构，如 $MgAl_2O_4$，$NiAl_2O_4$，$LiFeTiO_4$，$NiCo_2O_4$，$MnFe_2O_4$，$LiMn_2O_4$ 和 $Li_4Ti_5O_{12}$ 等。在这些化合物中，$LiMn_2O_4$ 是最具有代表性的并被广泛应用于商业锂离子电池中。1983 年，Goodenough 课题组首次报道了 $LiMn_2O_4$ 材料可以应用于锂电池。图 1-10 表示的是 $LiMn_2O_4$ 的结构。它属于 $Fd-3m$ 空间群，锂离子位于由四个氧原子堆积而成的四面体的 8a 空隙，50% Mn^{3+} 和 50% Mn^{4+} 占据由立方密堆积的氧构成的八面体 16d 空隙，而氧原子则位于其 32e 位置。八面体空隙 16c 处于空置状态。一般来说，在单个尖晶石晶胞中，四面体的 1/8 处被锂离子占据，八面体的 1/2 处被过渡金属元素的离子占据。因此，单个晶胞的尖晶石结构式又可以写成 $Li_8Mn_{16}O_{32}$。尖晶石 $LiMn_2O_4$ 能通过未被占据的八面体 16c 位提供三维的锂离子迁移通道，因此它具有很好的锂离子移动性和很高的倍率性能。此外，共边相连的 MnO_6 八面体使得两个 Mn 原子直接相连，从而能提供很好的电子导电能力。

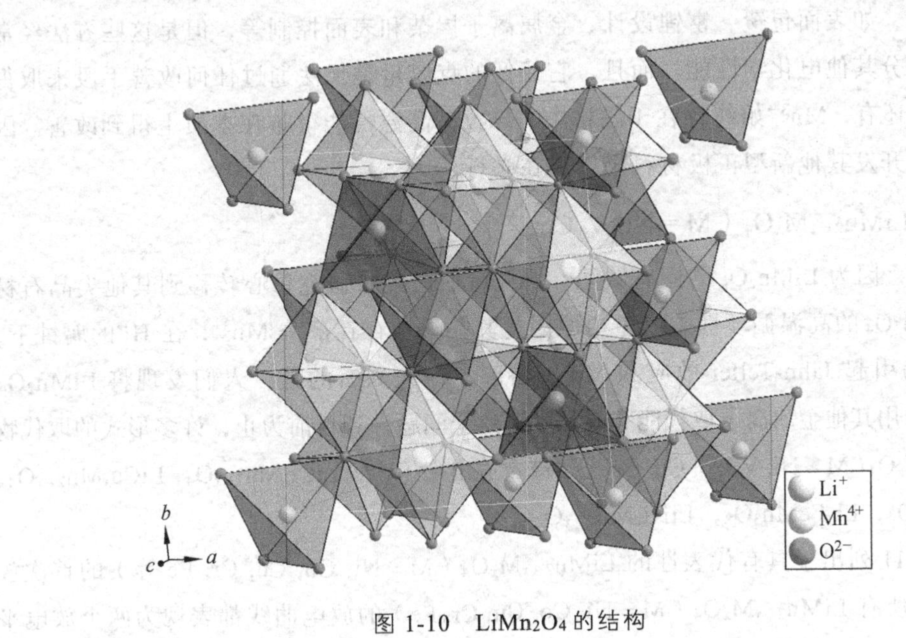

图 1-10　$LiMn_2O_4$ 的结构

锂离子能在 $0 \leqslant x \leqslant 2$ 的范围内，电化学嵌入 $Li_xMn_2O_4$ 材料晶格。根据 $Li_xMn_2O_4$ 的开路电压和其组分作图，我们可以将其分为两段过程，即 $0 \leqslant x \leqslant 1$ 时对应的放电平台电压是 4 V（vs Li/Li^+），当 $1 \leqslant x \leqslant 2$ 时，对应的放电平台电压为 3 V（vs Li/Li^+）。在 $0 \leqslant x \leqslant 1$ 范围内，晶格中的 Mn^{3+} 逐渐被氧化成 Mn^{4+}，对应的表现为在 4 V 处有一个电压平台，当所有的 Li^+ 从 8a 位置脱出来后，$LiMn_2O_4$ 将形成一种新的 λ-MnO_2 相，但其尖晶石结构不会变，只是 Mn^{3+} 半径比 Mn^{4+} 大，导致其晶胞参数变小。在 $1 \leqslant x$

≤2 范围内，锂离子嵌入八面体的 16c 位置，对应的电压平台在 3.0 V 左右。但是不幸的是，在这个阶段，Mn^{3+} 会超过 50% 并且会诱导出 Jahn-Teller 效应，导致其尖晶石结构由立方晶相转化为晶体结构对称性差的四方晶相。事实上，在商业锰酸锂电池中，有用的电压平台为 4.0 V 平台。因此，$LiMn_2O_4$ 的理论容量只有 148 mA · h · g^{-1}。虽然 $LiMn_2O_4$ 的克容量相对于其他正极材料来说比较低，还有因为 Mn^{3+} 容易歧化产生可溶性的 Mn^{2+}，导致其在高温下的循环性能很差，但是它仍然被认为是一种非常适合商业化应用的正极材料。这是因为其具有以下优点：① $LiMn_2O_4$ 的原材料非常丰富，价格低廉，环境友好；② $LiMn_2O_4$ 的三维结构有利于锂离子的高效脱嵌，从而提供优秀的倍率性能；③ $LiMn_2O_4$ 的结构非常稳定，具有优良的安全性能；④ $LiMn_2O_4$ 的电压平台在 4.0 V（vs Li/Li^+）左右，这个电压刚好处于当前常规电解液所能承受的安全电压窗口的最高值。

世界上很多研究者都在致力于改善、提高 $LiMn_2O_4$ 的电化学性能，期望得到一种各种性能都很完美的 $LiMn_2O_4$ 正极材料。虽然有许多方法可以改善 $LiMn_2O_4$ 的部分电化学性能，如表面包覆、富锂设计、金属离子掺杂和表面控制等，但是这些方法经常会损伤部分其他电化学性能。而且，它较低的克容量是无法通过任何改善手段来取得突破的；还有，Mn^{3+} 始终存在于晶格中，导致其高温性能很难在本质上得到改善。因此，研究开发其他新型正极材料仍然势在必行。

2．$LiMn_{2-x}M_xO_4$（M = Ni, V, Co 等）

最近，因为 $LiMn_2O_4$ 的固有缺陷，研究者们已经将研究重心转移到其他尖晶石材料。$LiMn_2O_4$ 的高温循环性差的主要原因是其晶格中存在部分 Mn^{3+}，在 H^+ 的腐蚀下，Mn^{3+} 容易引起 Jahn-Teller 效应和 Mn 的溶解。令人兴奋的是，人们发现将 $LiMn_2O_4$ 中的 Mn^{3+} 用其他金属离子取代能有效地解决这个问题。到目前为止，许多形式的取代物 $LiMn_{2-x}M_xO_4$（M = Ni, V, Co, Cu, Cr 等）被合成出来了，如 $LiCr_xMn_{2-x}O_4$，$LiCu_xMn_{2-x}O_4$，$LiCo_xMnO_4$，$Li_2FeMn_3O_8$，$LiNi_xMn_{2-x}O_4$。

图 1-11 列出了具有代表性的 $LiMn_{2-x}M_xO_4$（M = Ni, Co, Cu, Cr, Fe 等）的首次放电曲线。所有 $LiMn_{2-x}M_xO_4$（M = Ni, Co, Cu, Cr, Fe）的放电曲线都表现为两个放电平台，一个平台在 4.0 V，对应的是 Mn^{3+}/Mn^{4+} 氧化还原电对；另一个在 5.0 V 左右，对应的是取代元素氧化还原电对，如 Ni^{3+}/Ni^{4+}，Co^{3+}/Co^{4+} 等。在这些 $LiMn_2O_4$ 衍生物中，$LiNi_{0.5}Mn_{1.5}O_4$ 能同时具有高电压和优良的循环性能，是一种被普遍看好的未来锂电池正极材料。这是因为在 $LiNi_{0.5}Mn_{1.5}O_4$ 中，Ni 的化合价为+2，几乎所有的 Mn 离子化合价为+4。Ni^{2+}/Ni^{3+} 和 Ni^{3+}/Ni^{4+} 氧化还原电对的费米能级相差很小，这就决定了 $LiNi_{0.5}Mn_{1.5}O_4$ 的放电曲线近乎水平，在 4.7 V（vs Li/Li^+）左右。因此，$LiNi_{0.5}Mn_{1.5}O_4$ 能同时具有较高的功率/能量密度，以及优秀的循环性能。

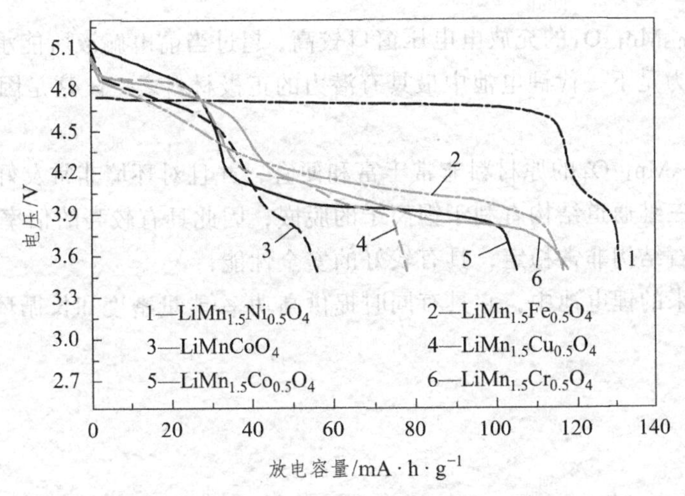

图 1-11 尖晶石型化合物 $LiMn_{2-x}M_xO_4$（M = Cr, Co, Ni, Cu）的首次放电曲线

$LiNi_{0.5}Mn_{1.5}O_4$ 有两种晶体结构形式：一种是非化学计量比的无序结构的 $LiNi_{0.5}Mn_{1.5}O_{4-\delta}$，空间群为 $Fd-3m$；另一种是化学计量比的有序结构的 $LiNi_{0.5}Mn_{1.5}O_4$，空间群为 $P4_332$。图 1-12 是这两种晶型的晶体结构图。在 $LiNi_{0.5}Mn_{1.5}O_{4-\delta}$的结构中，Ni 和 Mn 离子随机分布在八面体的 16d 位置。Li^+ 位于四面体的 8a 位置，在其脱嵌过程时，Li^+通过空缺的八面体 16c 来进行跃迁，即 8a—16c 迁移路径。在 $LiNi_{0.5}Mn_{1.5}O_4$ 的结构图中，Ni 和 Mn 离子分别占据八面体的 4a 和 12d 位置。但是空缺的八面体 16c 位置被分裂为有序的 4a 和 12d 位置，Li^+ 位于 8c 位置，在脱嵌过程时，Li^+ 是沿着[100]方向通过 8c—4a 和 8c—12d 两条路径来迁移的，在 [101] 方向上，Ni 和 Mn 离子会阻碍 Li^+ 的迁移。此外，在无序结构的 $LiNi_{0.5}Mn_{1.5}O_{4-\delta}$中，少量的 Mn^{3+} 也会增加其电子导电性能。因此，无序结构的 $LiNi_{0.5}Mn_{1.5}O_{4-\delta}$具有比有序结构的 $LiNi_{0.5}Mn_{1.5}O_4$ 更好的倍率性能。

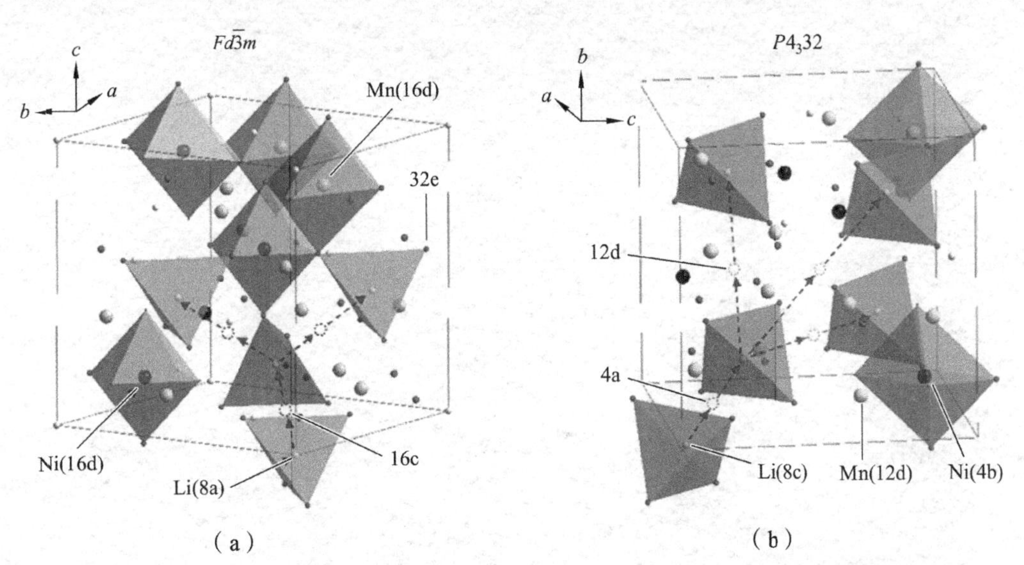

图 1-12 空间群为 $Fd-3m$（a）和 $P4_332$（b）的尖晶石 $LiNi_{0.5}Mn_{1.5}O_4$ 的锂离子扩散路径

虽然 $LiNi_{0.5}Mn_{1.5}O_4$ 的充放电电压窗口较高，超过当前电解液所能承受的范围，但是它还是被认为是下一代锂电池中最具有潜力的正极材料之一。这是因为其具有以下优点：

（1）$LiNi_{0.5}Mn_{1.5}O_4$ 的原材料非常丰富和便宜，并且对环境非常友好；

（2）它的三维通道结构有利于锂离子的脱嵌，因此具有较高的倍率性能；

（3）尖晶石结构非常稳定，具有较好的安全性能；

（4）在未来的锂电池中，它具有同时提供高功率/能量密度和长循环性能的潜力。

第二章　能源材料实验

实验一　直接沉淀法合成锂离子电池正极前驱体材料

（6 学时）

一、实验目的

掌握液相沉淀法合成锂离子电池正极材料前驱体的基本实验方法和步骤。

二、实验原理

液相沉淀法是液相化学反应合成金属氧化物纳米材料最普通的方法。它是利用各种溶解在水中的物质反应生成不溶性氢氧化物、碳酸盐、硫酸盐和乙酸盐等，再将沉淀物加热分解，得到最终所需的纳米粉体。液相沉淀法可以广泛用来合成单一或复合氧化物的纳米粉体，其优点是反应过程简单，成本低，便于推广和工业化生产。液相沉淀法主要包括直接沉淀法、共沉淀法和均匀沉淀法。

直接沉淀法是使溶液中的金属阳离子直接与沉淀剂，如 OH^-、$C_2O_4^{2-}$、CO_3^{2-}，在一定条件下发生反应而形成沉淀物，并将原有的阴离子洗去，经热分解得到纳米粉体。直接沉淀法操作简便易行，对设备、技术要求不太苛刻，不易引入其他杂质，有良好的化学计量性，成本较低。

草酸钴是制备锂离子电池正极材料钴酸锂的一种前驱体材料，可通过氯化钴和草酸氨反应制备。为得到高纯的草酸钴纳米粉末，需要严格控制溶液的浓度、pH 值及加料速度。其主要反应如下：

$$CoCl_2 + (NH_4)_2C_2O_4 + 2H_2O \xlongequal{} CoC_2O_4 \cdot 2H_2O \downarrow + 2NH_4Cl$$

三、实验仪器与试剂

仪器：电子天平，药匙，烧杯，玻璃棒，量筒，胶头滴管，容量瓶，磁力搅拌器，点滴计量瓶，pH 试纸，温度计，布氏漏斗，滤纸，抽滤瓶， 抽滤机，洗瓶，培养皿，真空干燥箱。

试剂：氯化钴，草酸铵，草酸，去离子水，无水乙醇。

四、实验步骤

（1）称取 63.0 g 草酸，溶解于去离子水中，配制成 500 mL 1 mol/L 草酸溶液；

（2）称取 5.95 g（0.025 mol）氯化钴，溶解于去离子水中，在 1 000 mL 烧杯中配制成 350 ml 0.07 mol/L 氯化钴溶液，量取 10 mL 已配好的草酸溶液倒入氯化钴溶液中，用 pH 试纸检测氯化钴溶液 pH 值，控制氯化钴溶液 pH 值在 1.5 ~ 2；

（3）称取 3.55 g 草酸铵，溶解于去离子水中，配制成 350 ml 0.07 mol/L 草酸铵溶液；

（4）放入磁力搅拌子对氯化钴溶液进行磁力搅拌，同时控制溶液温度在 30 ~ 45 °C；

（5）将草酸铵溶液转移至点滴注射器中，控制滴定速度，缓慢滴定入氯化钴溶液中；

（6）滴定全部完成后，检测混合溶液 pH 值，通过滴加草酸溶液控制混合溶液 pH 值在 1 ~ 2；

（7）继续搅拌 40 min，控制溶液温度在 30 ~ 45 °C；

（8）混合溶液停止搅拌和控温，常温下静置 3 h；

（9）倒掉分层的上清液，将沉淀层物质转移至布氏漏斗过滤，过滤过程中先用去离子水洗 3 次，然后再用无水乙醇清洗 3 次；

（10）将洗涤过滤后的沉淀物连带滤纸转移到培养皿上，置于真空干燥箱中，120 °C 真空干燥 5 h；

（11）将真空干燥后所得前驱体样品转移至玛瑙研钵中研磨 10 min，转移至样品袋中封装待用，同时称量，记录数据，计算草酸钴产率。

五、结果与讨论

（1）根据最后所得样品质量，计算液相沉淀法所得产品的产率。

（2）讨论为什么要控制 pH 值在 1 ~ 2。

（3）思考改变滴定速度或滴定顺序，对最终产物会有什么影响。

实验二　高温固相法制备锂离子电池正极前驱体材料

（6 学时）

一、实验目的

（1）掌握高温固相法合成锂离子电池正极前驱体材料的基本实验方法和步骤；

（2）学习管式炉的操作使用，掌握升温程序的设定。

二、实验原理

高温固相反应是指反应温度在 600 °C 以上的固相反应，适用于制备热力学稳定的化合物。由于固相反应是发生在反应物之间的接触点上，通过固体原子或离子的扩散完成，然后逐渐扩散到反应物内部，因此反应物必须相互充分接触。为了加快反应速率，增大反应物之间的接触面积，反应物必须混合均匀，而且需要在高温下进行。

影响固相反应速率的主要因素有三个：首先是反应物固体的表面积和反应物间的接触面积；其次是生成物的成核速率；最后是相界面间离子扩散速率。充分研磨使反应物混合均匀，并使反应物颗粒充分接触，同时纳米材料可增加反应物的比表面积和反应活性。

四氧化三钴是一种锂离子电池正极前驱体材料，是合成钴酸锂的重要原料，它可通过草酸钴、碳酸钴、氢氧化钴等钴盐高温固相反应制备。

根据草酸钴的 TG-DSC 图分析（图 2-1），在温度区间内草酸钴对应以下三个反应，最终确定采用两步煅烧法，煅烧温度分别为 350 °C 和 850 °C。

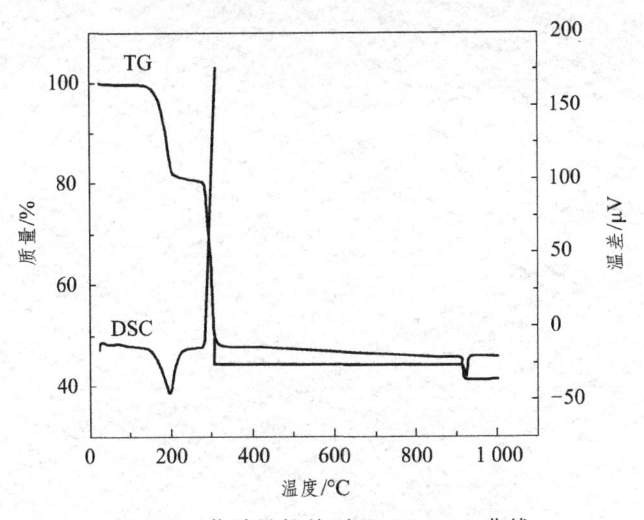

图 2-1　草酸钴煅烧过程 TG-DSC 曲线

$$CoC_2O_4 \cdot 2H_2O \longrightarrow CoC_2O_4 + 2H_2O \qquad T = 198\ ^\circ C$$

$$3CoC_2O_4 + 2O_2 \longrightarrow Co_3O_4 + 6CO_2 \qquad T = 304\ ^\circ C$$

$$Co_3O_4 \longrightarrow 3CoO + \frac{1}{2}O_2 \qquad T = 909\ ^\circ C$$

三、实验仪器与试剂

仪器：电子天平，药匙，科晶 GSL-1600X 可控气氛管式炉或马弗炉，刚玉瓷舟。

试剂：实验室自制草酸钴粉体。

四、实验步骤

（1）称取 1.6 g 草酸钴粉体，放入刚玉瓷舟中，记录数据。

（2）将装有待煅烧样品的瓷舟小心推入管式炉正中间。

（3）设定煅烧程序，具体为：① 从室温升温至 350 °C，升温速率 5 °C/min；② 350 °C 保温 120 min；③ 350 °C 升温至 850 °C，升温速率 5 °C/min；④ 850 °C 保温 300 min；⑤ 停止煅烧，样品随炉冷却。

（4）样品冷却至 60 °C 后，取出样品，在玛瑙研钵中研磨 10 min，收集煅烧后粉体，称量，记录数据，装入封装袋待用。

五、结果与讨论

（1）根据最后所得样品质量，计算煅烧产品的产率；

（2）请绘制出煅烧的温度-时间曲线；

（3）讨论如何确定粉体的煅烧温度。

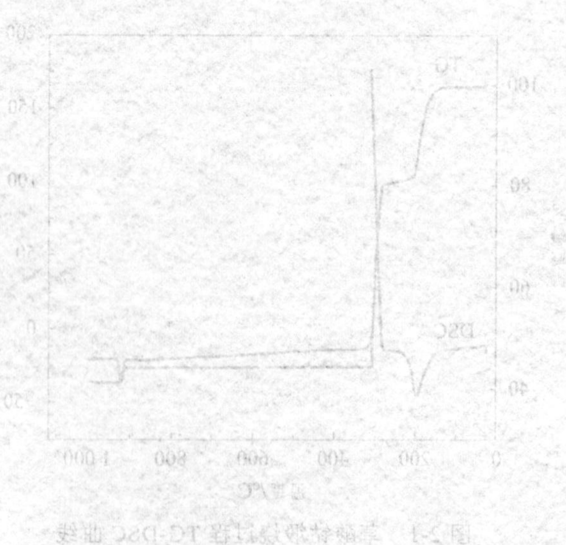

实验三　机械化学法合成锂离子电池正极材料

（6学时）

一、实验目的

（1）掌握机械化学法合成锂离子电池正极材料的基本实验方法和步骤；

（2）掌握行星球磨机的操作使用；

（3）理解机械化学法合成材料的基本原理。

二、实验原理

机械化学法是一种新型材料制备方法。粉体球磨过程中，机械力作用使颗粒和晶粒细化，产生裂纹，比表面积增大，晶格缺陷增多，晶格发生畸变和结晶程度降低，甚至诱发低温化学反应；同时，通过固相球磨，使固体粉末达到宏观层面的混合均匀，缩短粉体烧结时的物质扩散路径。

碳酸锂熔点为 723 °C，采用碳酸锂作为锂源，草酸钴作为钴源，通过机械球磨将两种固相充分破碎，混合均匀，然后在有氧气气氛下 800 °C 煅烧 5 h，通过固相反应得到钴酸锂正极材料。具体反应方程式如下：

$$CoC_2O_4 \cdot 2H_2O \longrightarrow CoC_2O_4 + 2H_2O \qquad T = 198\ ^\circ C$$

$$3CoC_2O_4 + 2O_2 \longrightarrow Co_3O_4 + 6CO_2 \qquad T = 304\ ^\circ C$$

$$2Co_3O_4 + 3Li_2CO_3 + \frac{1}{2}O_2 \longrightarrow 6LiCoO_2 + 3CO_2 \qquad T = 800\ ^\circ C$$

三、实验仪器与试剂

仪器：电子天平，药匙，QM-3SP2 行星式球磨机，压片机，科晶 GSL-1600X 可控气氛管式炉，刚玉瓷舟，研钵。

试剂：实验室自制草酸钴粉体，分析纯碳酸锂粉体。

四、实验步骤

（1）称取 3.05 g（0.016 mol）草酸钴粉体，放入球磨罐中，记录数据。

（2）按 Li、Co 之比 = 1.05∶1 称取 0.647 g（0.008 75 mol）碳酸锂粉体，放入球磨罐中，记录数据。

（3）按球料比 10：1 在球磨罐中放入 40 g 玛瑙球，大小球质量比例为 2：1，启动球磨机按 250 r/min 球磨 3 h。

（4）取出球磨后的混合粉体，称量后装入瓷舟，记录数据。

（5）清洗球磨罐和玛瑙球，放入鼓风干燥箱干燥待用。

（6）将装有待煅烧坯体的瓷舟缓缓推入管式炉正中间，通入氧气。

（7）设定煅烧程序煅烧样品，具体为：① 从室温升温至 350 °C，升温速率 5 °C/min；② 350 °C 保温 60 min；③ 从 350 °C 升温至 800 °C，升温速率 5 °C/min；④ 850 °C 保温 300 min；⑤ 停止煅烧，样品随炉冷却。

（8）样品冷却至 60 °C 后，取出样品，在玛瑙研钵中研磨 10 min，收集煅烧后粉体，称量，记录数据，装入封装袋待检测。

五、结果与讨论

（1）根据最后所得样品质量，计算钴酸锂产品的产率；

（2）请绘制出煅烧的温度-时间曲线；

（3）讨论为何配料时 Li、Co 之比 = 1.05：1，碳酸锂需要过量。

实验四 熔融盐法合成锂离子电池正极材料

（6学时）

一、实验目的

（1）掌握熔融盐法合成锂离子电池正极材料的基本实验方法和步骤；
（2）掌握箱式炉的操作使用；
（3）理解熔融盐法合成材料的基本原理。

二、实验原理

所谓熔盐法，即将熔融盐与反应物按一定的比例混合，配制反应混合物（组分氧化物在熔盐中有一定的溶解度），混合均匀后，加热使盐熔化，反应物在盐的熔体中进行反应，生成产物，冷却至室温后，以去离子水清洗数次以除去其中的熔融盐，得到产物。通过熔融盐法可以较易控制粉体颗粒的形状和尺寸，并且在之后的清洗过程中有利于杂质的去除，形成高纯度的反应物。

三、实验仪器与试剂

仪器：电子天平，药匙，QM-3SP2 行星式球磨机，刚玉瓷舟，研钵，DSP-KF1100 微型高温箱式炉，烧杯，烘箱。

试剂：草酸钴粉体，分析纯碳酸锂粉体。

四、实验步骤

（1）称取 3.05 g（0.016 mol）草酸钴粉体，放入球磨罐中，记录数据。

（2）按 Li、Co 之比 = 1.05 : 1 称取 0.647 g（0.008 75 mol）碳酸锂粉体，放入球磨罐中，记录数据。

（3）称取 10 g 氯化钠和氯化钾的混合盐，放入球磨罐中，记录数据。

（4）按球料比 10 : 1 在球磨罐中放入 40 g 玛瑙球，大小球质量比例为 2 : 1，启动球磨机按 250 r/min 球磨 3 h。

（5）取出球磨后的混合粉体，称量后装入瓷舟，记录数据。

（6）清洗球磨罐和玛瑙球，放入鼓风干燥箱干燥待用。

（7）将装有待煅烧坯体的瓷舟缓缓推入管式炉正中间，通入氧气。

（8）设定煅烧程序煅烧样品，具体为：① 从室温升温至 350 °C，升温速率 5 °C/min；

② 350 °C 保温 60 min；③ 350 °C 升温至 800 °C，升温速率 5 °C/min；④ 850 °C 保温 300 min；⑤ 停止煅烧，样品随炉冷却。

（9）样品冷却至 60 °C 后，取出样品，称量，记录数据。

（10）去离子水清洗数次，去除熔融盐。

（11）烘箱烘干，即得钴酸锂正极材料。

五、结果与讨论

（1）根据最后所得样品质量，计算钴酸锂产品的产率；

（2）熔盐法制备钴酸锂正极材料的优缺点各是什么？

实验五　水热法合成锂离子电池正极材料

（6学时）

一、实验目的

（1）掌握水热法合成锂离子电池正极材料的基本实验方法和步骤；

（2）掌握高压反应釜的操作使用；

（3）理解水热法合成材料的基本原理。

二、实验原理

水热法是一种材料制备方法。水热法制备粉体的化学反应过程是在高温高压环境中进行的。高温时，密封容器中有一定填充度的溶媒膨胀，充满整个容器，从而产生很高的压力。为使反应较快和较充分地进行，通常还需要在高压反应釜中加入各种矿化剂。利用高温高压的水溶液使那些在大气条件下不溶或难溶的物质溶解，或反应生成该物质的溶解产物，通过控制高压反应釜内溶液的温差使产生对流，以形成过饱和状态而析出生长晶体。反应的驱动力是最后可溶的前驱体或中间产物与稳定氧化物之间的溶解度差。

采用氢氧化锂作为锂源，β-MnO_2纳米棒作为锰源，然后在高温高压下 140 °C 反应 12 h，通过固液反应得到锰酸锂。

三、实验仪器与试剂

仪器：电子天平，药匙，烘箱，研钵，高温高压反应釜、离心机。

试剂：实验室自制 β-MnO_2纳米棒，分析纯氢氧化锂粉体。

四、实验步骤

（1）称取 3.05 g β-MnO_2和 0.61 g 氢氧化锂粉体，溶于去离子水中。

（2）将其混合溶液转移到 150 mL 聚四氟乙烯反应釜中，加入 80% 容积的去离子水，密封反应釜。

（3）将反应釜温度调到 140 °C，反应 12 h 后停止升温，冷却。

（4）样品冷却至 60 °C 后，离心分离出样品，90 °C 烘干后。

（5）在玛瑙研钵中研磨 10 min，收集反应后粉体，称量，记录数据，装入封装袋待检测。

五、结果与讨论

（1）根据最后所得样品质量，计算锰酸锂产品的产率；

（2）水热法制备材料有什么优点和缺点？

实验六　锂离子电池正极材料烧结过程热分析

（4学时）

一、实验目的

（1）掌握热分析的原理与应用；

（2）掌握热分析仪的操作使用；

（3）能够运用热分析技术分析确定锂电材料烧结制度。

二、实验原理

热分析（thermal analysis）是在程序控制温度下，测量物质的物理性质与温度之间的关系的一类技术。在加热和冷却过程中，随着物质的结构、相态和化学性质的变化，通常伴有相应的物理性质的变化，包括质量、温度、热量以及机械、声学、电学、光学、磁学等性质，因此构成了相应的各种热分析测试技术。表 2-1 列出了几种主要的热分析法及其测定的物理化学参数和有关仪器。其中最具代表性的方法有三种：热重法（TG）、差热分析（DTA）、差示扫描量热法（DSC）。

表 2-1　热分析中的主要测定方法

名称（简称）	作为温度的函数测定的参数	所使用的仪器
热重量分析法（TG）	质量	热天平
差热分析法（DTA）	试样和基准物质之间的温度差	差热分析装置
差示扫描量热法（DSC）	试样和基准物质之间的热量补偿差	差热分析装置

本实验使用的岛津 DTG-60AH 是一类差热（DTA）-热重（TG）同步测定装置。

热重法（Thermalgravimetry, TG）是在程序控制温度下，测量物质的质量和温度之间关系的一种技术。热重法记录的是热重曲线（TG 曲线），它是以质量为纵坐标，从上向下表示质量减少；以温度（T）或时间（t）为横坐标，自左向右表示增加。用于热重法的仪器是热天平，它连续记录质量和温度的函数关系。热天平一般是根据天平梁的倾斜与质量变化的关系进行测定的。只要物质受热时发生质量的变化，就可用热重法来研究其变化过程。其应用可大致归纳成如下几个方面：① 了解试样的热（分解）反应过程，如测定结晶水、脱水量及热分解反应的具体过程等；② 研究在生成挥发性物质的同时所进行的热分解反应、固相反应等；③ 用于研究固体和气体之间的反应；④ 测定熔点、沸点；⑤ 利用热分解或蒸发、升华等，分析固体混合物。

差热分析（Differential thermal analysis, DTA）是在程序控制温度下，测量试样与参比物（一种在测量温度范围内不发生任何热效应的物质）之间的温度差与温度关系的一种技术。在实验过程中，可将试样与参比物的温差作为温度或时间的函数连续记录下来：

$$\Delta T = f(T) \text{ 或 } t$$

由于试样和参比物的测温热电偶是反向串联（图 2-2），所以当试样不发生反应，即试样温度（T_s）和参比温度（T_r）相同时，$\Delta T = T_s - T_r = 0$，相应的温差电势为 0。当试样发生物理或化学变化而伴有热的吸收或释放时，则 $\Delta T \neq 0$，相应的温差电势信号经放大后送入记录仪，得到以 ΔT 为纵坐标，温度为横坐标的差热曲线（DTA 曲线），如图 2-3 所示，其中基线相当于 $\Delta T = 0$，试样无热效应产生；向上和向下的峰反映了试样的放热、吸热过程。图 2-4 为吸热反应中试样的真实温度和试样与参比物温差 ΔT 的比较。图 2-5 表示高聚物的 DTA 曲线。

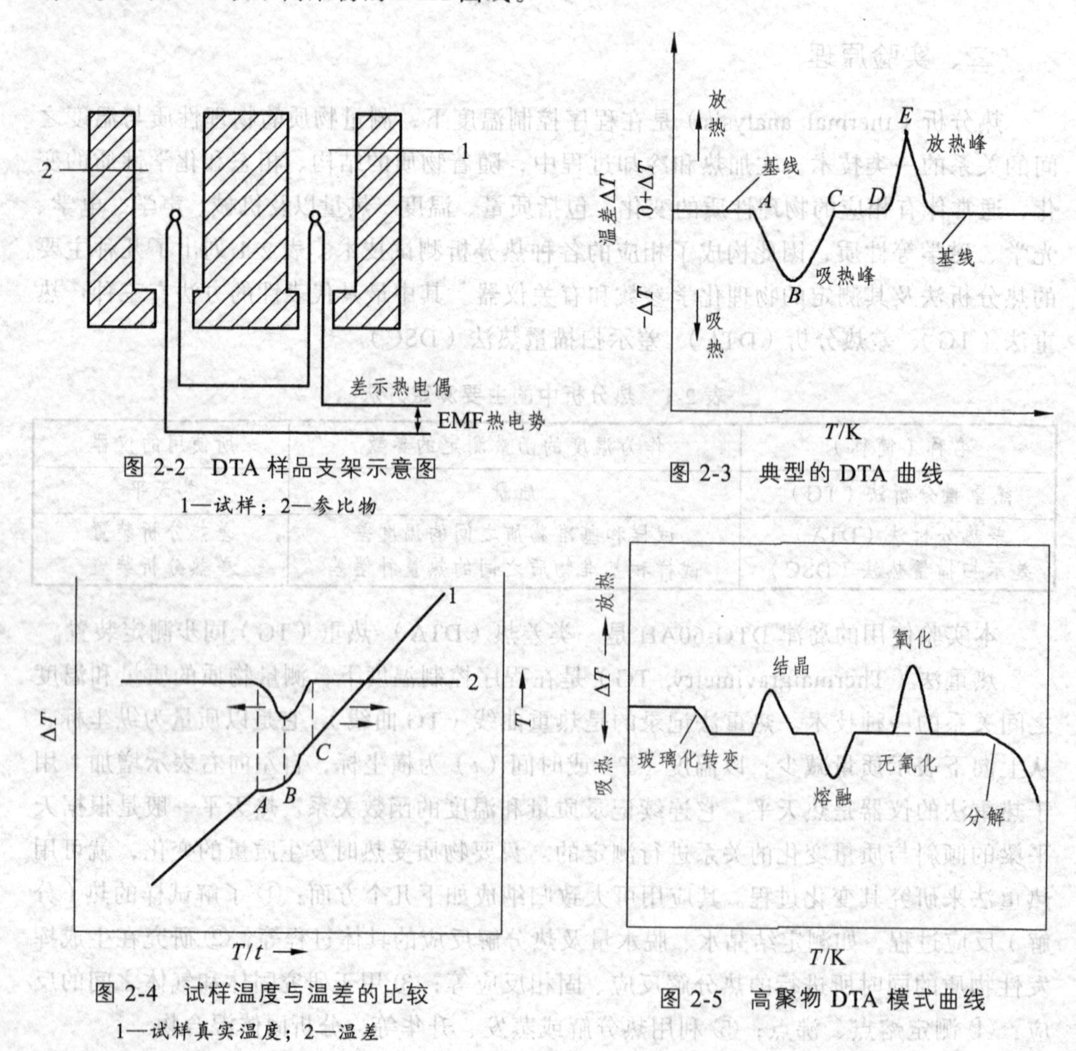

图 2-2　DTA 样品支架示意图

1—试样；2—参比物

图 2-3　典型的 DTA 曲线

图 2-4　试样温度与温差的比较

1—试样真实温度；2—温差

图 2-5　高聚物 DTA 模式曲线

差热分析主要应用于以下方面：研究结晶转变、二级转变，追踪熔融、蒸发等相变过程，用于分解、氧化还原、固相反应等的研究。在热分析中，参比物应选择那些在实验温度范围内不发生热效应的物质，如α-氧化铝、石英、硅油、瓷、玻璃珠等。

本实验主要通过热分析探索草酸钴和碳酸锂固相反应合成钴酸锂的煅烧过程物质变化机理。具体反应方程式如下：

$$CoC_2O_4 \cdot 2H_2O \longrightarrow CoC_2O_4 + 2H_2O \qquad T = 198\ °C$$

$$3CoC_2O_4 + 2O_2 \longrightarrow Co_3O_4 + 6CO_2 \qquad T = 304\ °C$$

$$2Co_3O_4 + 3Li_2CO_3 + \frac{1}{2}O_2 \longrightarrow 6LiCoO_2 + 3CO_2 \qquad T = 800\ °C$$

三、实验仪器与试剂

仪器：药匙，岛津 DTG-60AH 热分析仪，氧化铝坩埚。

试剂：实验室自制球磨混合好的草酸钴粉体，分析纯碳酸锂粉体。

四、实验步骤

（1）开启计算机和 DTG-60AH，运行程序，并预热 10 min。

（2）将氧化铝坩埚放入 DTG-60AH 样品架上（右侧），对 TG 清零。

（3）称取混合粉体 3 ~ 5 mg，放入氧化铝坩埚中，将氧化铝坩埚放入 DTG-60AH 样品架上（右侧），对 DTA 清零。

（4）设定测试程序，升温速率为 5 °C/min，最高温设置为 1 000 °C；将质量输入质量栏，或者直接从仪器读取（在 zero 的前提下）。将数据存储到目标文件夹内。

（5）按 start 按钮启动 DTG-60AH 测试程序，对粉体进行 DTA 和 TG 测试。

（6）根据数据绘制曲线，进行分析处理。

五、结果与讨论

（1）根据 DTA 曲线确定各反应发生的温度，分析可能发生的反应。

（2）为什么采用氧化铝作为参比样品？

实验七 锂离子电池正极材料物相分析

（4学时）

一、实验目的

（1）了解X射线产生的条件及相关设备的使用。

（2）掌握布拉格（Bragg）定律及其应用。

（3）能熟练运用Jade软件对锂离子电池正极材料XRD图谱进行分析标定。

二、实验原理

X射线的波长非常短，与晶体的晶面间距基本上在同一数量级。因此，若把晶体的晶面间距作为光栅，用X射线照射晶体，就有可能产生衍射现象。科学家们深入研究了X射线在晶体中的衍射现象，得出了著名的劳厄晶体衍射公式、布拉格定律等。

1912年，英国物理学家布拉格父子（W. H. Bragg & W. L. Bragg）通过实验，发现了单色X射线与晶体作用产生衍射的规律。利用这一规律，发明了测定晶格常数（晶面间距）d 的方法，这一方法也可以用来测定X射线的波长 λ。

晶面间距与X射线的波长大致在同一数量级。当用一束单色X射线以一定角度 θ 照射晶体时，会发生什么现象？又有何规律呢？见图2-6。

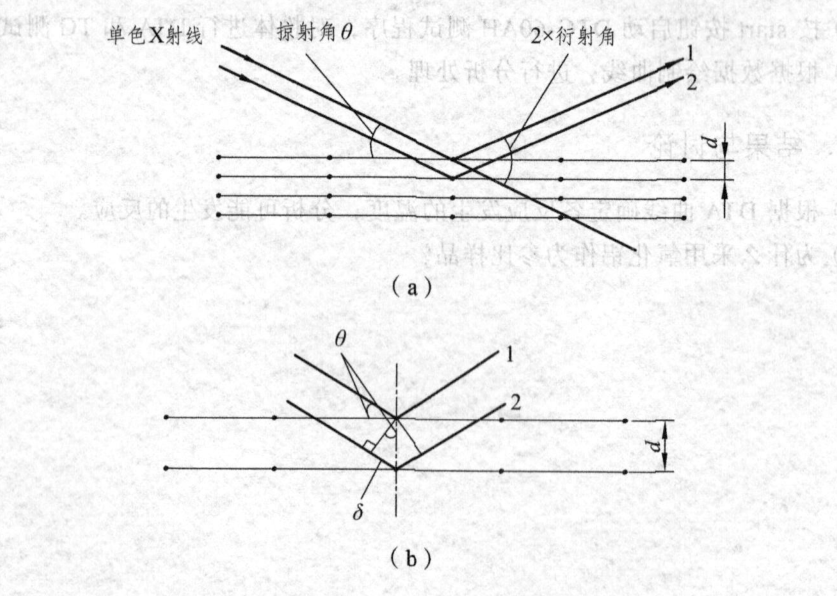

图2-6 晶体衍射原理图

用单色 X 射线照射晶体：

（1）会像可见光照射镜面一样发生反射，也遵从反射定律：入射线、衍（反）射线、法线三线共面；掠射角 θ 与衍射角相等。

（2）但也有不同：可见光在 0°～180° 都会发生反射，X 射线只在某些角度有较强的反射，而在其余角度则几乎不发生反射，X 射线的这种反射称为“选择反射”。

选择性反射实际上是 X 射线 1 与 X 射线 2 互相干涉加强的结果，如图 2-6（b）所示。当 X 射线 1 与 2 的光程差 2δ 是波长 λ 的整数倍时，即 $2\delta = n\lambda(n \in Z^{+})$ 时，会发生干涉：

$$\delta = d\sin\theta \quad 2\delta = 2d\sin\theta$$

$$2d\sin\theta = n\lambda$$

此即著名的布拉格公式。

布拉格公式指出，用波长为 λ 的 X 射线射向晶体表面时，当在某些角度的光程差正好为波长 λ 的整数倍时，会发生干涉加强。让试样和计数器同步旋转（即转过扫查角度范围），用计数器记录下单位时间发生衍射的光量子数 CPS，用测角仪测出发生衍射的角度（2θ），如图 2-7 所示。

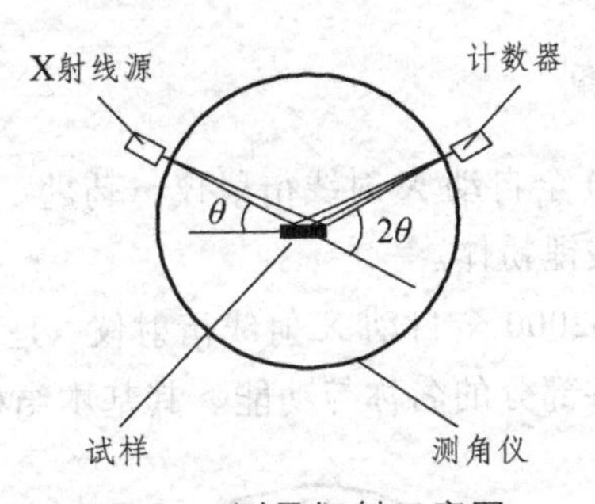

图 2-7　测量衍射示意图

用 CPS（Counts Per Second）为纵坐标，2θ 为横坐标，画出记录到的光量子数与角度的关系曲线，就可以得到如图 2-8 所示衍射波形。

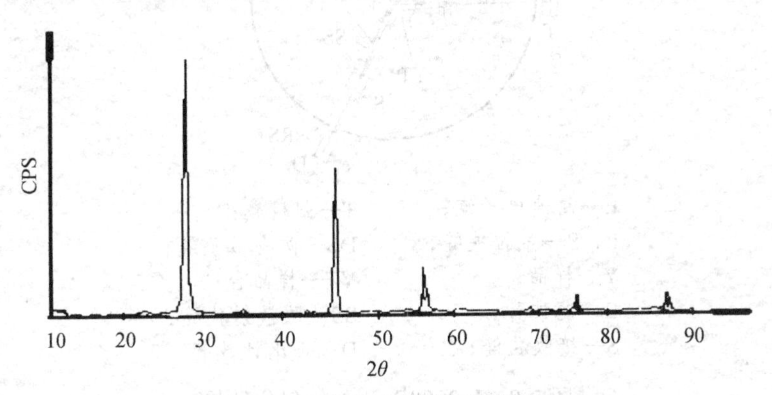

图 2-8　Si 的 X 射线衍射图谱

衍射峰对应的横坐标值即测得的2θ角，而实验中的X射线管发出的X射线的波长λ是已知的（如Cu靶产生的X射线的波长$\lambda = 154.178$ pm）。知道了θ与λ，由布拉格公式：

$$d = n\lambda / 2\sin\theta \quad (n = 1, 2, 3, \cdots)$$

就可以计算出晶格常数d了。

这就是X射线衍射法测定晶格常数d的实验原理。

反之，如果已知某晶体的晶格常数d，用一束未知的单色X射线照射，同样可以测得衍射角（2θ），由布拉格公式：

$$\lambda = 2d\sin\theta / n$$

则可以知道该束X射线的波长λ。这也是X射线衍射的一个应用。

此外，X射线衍射还有很多应用：X射线衍射与物质内部精细结构密切相关，如晶体的结构类型、晶胞尺寸、晶面间距等，在X射线衍射的图谱中都有反映。每种材料都有特定的晶体结构，因此，我们可以通过XRD表征锂离子电池电极材料的物相。

三、实验仪器与试剂

仪器：载玻片，Y-2000全自动X射线衍射仪，药匙。

试剂：实验室自制钴酸锂粉体。

本实验选用的设备：Y-2000全自动X射线衍射仪，是目前最先进的国产机型。下面分别介绍实验中用到的各部分的名称与功能。其基本结构如图2-9所示。

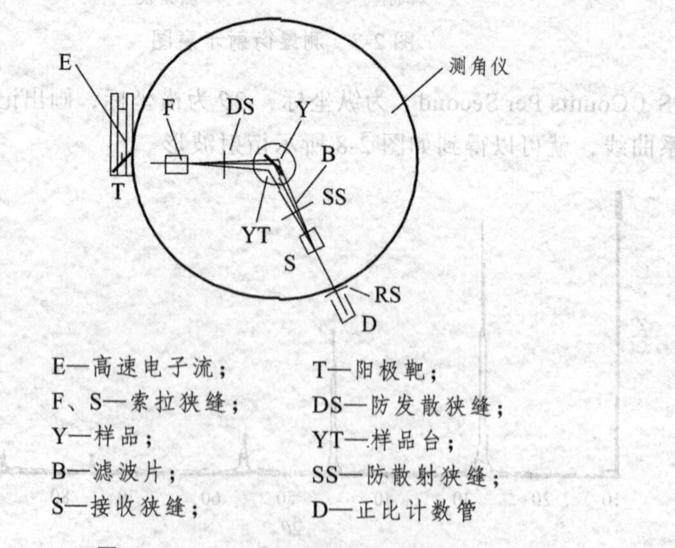

图2-9 Y-2000 X射线衍射仪结构

X 射线在测试中的光路如图 2-10 所示。

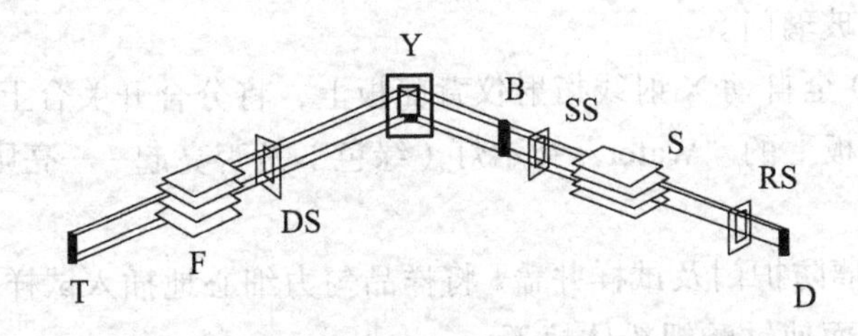

图 2-10　X 射线光路图（字母代号含义同图 2-9）

阳极靶材料是铜（Cu），靶面焦点尺寸一般为 1 mm × 10 mm，分别经索拉狭缝 F、S（层间间隙约 0.75 mm），及防发散狭缝 DS（1°）、防散射狭缝 SS（1°）、接收狭缝 RS（0.2 mm）在水平方向和垂直方向的节制，将 X 射线约束在基本平行的方向。

装试样的玻片如图 2-11 所示，试样台上摆放位置如图 2-12 所示。

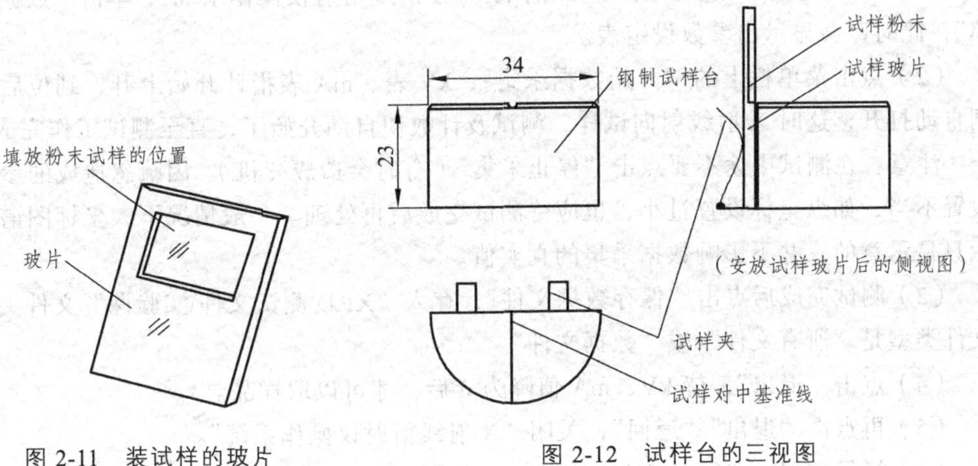

图 2-11　装试样的玻片　　　　图 2-12　试样台的三视图

四、实验步骤

1. 制作试样

（1）取洁净粉末试样玻片（简记为 S，下同）一块、研磨后过 300 目的钴酸锂粉体少许、药匙一只、按压用玻片（简记为 A，下同）一块、16 K 白纸一张。

（2）白纸平铺在实验桌上，S 放在白纸上。

（3）将钴酸锂粉体均布到 S 的凹槽内，用 A 匀力按压钴酸锂粉体，压紧的程度应使 S 立起时钴酸锂粉体不会掉落下来，且钴酸锂粉体的平面与 S 玻片面在同一平面。

2．开　机

（1）移开机房玻璃门。

（2）在 Y-2000 全自动 X 射线衍射仪背面板上，将分合开关合上。

（3）检查前面板上的“Water”指示灯（绿色）是否亮起——亮则表示冷却循环水泵工作正常。

（4）打开铅玻璃防护门及试样井盖，将样品匀力细心地插入试样台与试样夹之间。小心避免因动作大而使钴酸锂粉体掉下。

（5）盖上试样井盖，关上铅玻璃防护门。

（6）关上机房玻璃门。

注意：① 机房内的 X 射线辐射量经过检测，是安全的。但是，当仪器上的红灯亮起后，非必要时应避免进入机房。

② 如果室内温度高于 25 °C，应将空调打开制冷。湿度高于 80% 时，应开除湿机。

3．测　试

（1）打开计算机，进入桌面，双击图标“X 射线衍射仪操作系统”，单击“数据采集”，此时，会显示出参数设定表。

（2）点击菜单栏上的“开始数据采集”，kV 表、mA 表指针开始上升，到位后光闸自动打开，这时 X 射线射向试样，测试及计数便自动开始了，直至测试工作完成。

注意：在测试中途不要点击“停止采集”（有时会造成死机）。因疏忽造成的参数设置不当，如纵坐标设置过小，也应待测试完成后再处理。一般情况下，坐标图谱显示只是示意的，并不影响数据采集的真实值。

（3）测试完成后点击“保存数据文件”，存入“XRD 测试文件\实验课”文件夹，文件类型是“所有文件”或“数据文件”。

（4）点击“退出”，待 kV、mA 值降为 0 后，才可以取样品。

（5）再点击“退出”“返回”，关闭“X 射线衍射仪操作系统”。

（6）拷贝数据，路径是“C:\program files\XRD 测试文件\实验课”。

（7）待冷却循环泵继续工作 20 min（若冷却水箱制冷系统已工作，则应等制冷系统停机）后关机。

（8）清洗试样玻片，清扫、整理实验室用具，登记“仪器设备使用及维修情况记录本”，实验指导老师签字后方可离开实验室。

4．XRD 图谱标定分析

打开 Jade 软件，对所测 XRD 图谱进行标定分析，完成实验报告。

五、结果与讨论

（1）对照钴酸锂标准卡片 PDF#50-0653 和文献图谱（表 2-2 和图 2-13）标出各衍射峰晶面指数。

表 2-2　标准 $LiCoO_2$ 的 XRD 卡片数据

2-Theta	d（A）	I（f）	（*h k l*）	Theta
18.958	4.677 1	87.0	（0 0 3）	9.479
37.438	2.400 2	48.0	（1 0 1）	18.719
38.437	2.340 1	6.0	（0 0 6）	19.218
39.098	2.302 0	15.0	（0 1 2）	19.549
45.259	2.001 9	100.0	（1 0 4）	22.629
49.462	1.841 2	16.0	（0 1 5）	24.731
59.637	1.549 1	19.0	（1 0 7）	29.819
65.458	1.424 7	25.0	（0 1 8）	32.729
66.360	1.407 5	30.0	（1 1 0）	33.180
69.698	1.348 0	20.0	（1 1 3）	34.849
78.517	1.217 2	3.0	（1 0 10）	39.258
78.735	1.214 4	7.0	（0 2 1）	39.368
79.358	1.206 4	5.0	（1 1 6）	39.679
79.778	1.201 1	3.0	（2 0 2）	39.889
82.276	1.170 9	4.0	（0 0 12）	41.138
83.957	1.151 6	14.0	（0 2 4）	41.978
85.798	1.131 6	7.0	（0 1 11）	42.899
87.077	1.118 2	3.0	（2 0 5）	43.539

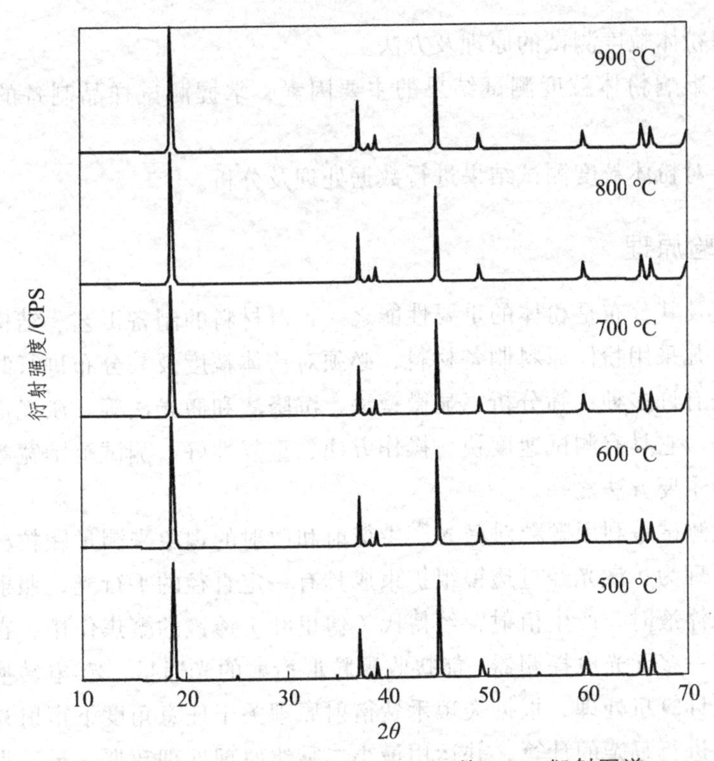

图 2-13　不同温度合成的 $LiCoO_2$ 的 XRD 衍射图谱

实验八　锂离子电池正极材料粒度及松装密度分析

（4学时）

粒度分布的测量在实际应用中非常重要，在工农业生产和科学研究中的固体原料和制品，很多都是以粉体形态存在的，粒度分布对这些产品的质量和性能起着重要的作用。例如，催化剂的粒度对催化效果有着重要影响；水泥的粒度影响凝结时间及最终的强度；各种矿物填料的粒度影响制品的质量与性能；涂料的粒度影响涂饰效果和表面光泽；药物的粒度影响口感、吸收率和疗效；等等。因此在粉体加工与应用领域，有效控制与测量粉体的粒度分布，对提高产品质量，降低能源消耗，控制环境污染，保护人类的健康具有重要意义。而锂离子电池电极材料的松装密度、粒度大小及粒径分布对其电性能有显著影响，因此必须对其进行粒度表征。

一、实验目的

（1）掌握粉体粒度测试的原理及方法。

（2）了解影响粉体粒度测试结果的主要因素，掌握测试样品制备的步骤和注意事项。

（3）学会对粉体粒度测试结果进行数据处理及分析。

二、实验原理

粉体粒度及其分布是粉体的重要性能之一，对材料的制备工艺、结构、性能均有重要的影响。凡采用粉体原料制备材料，必须对粉体粒度及其分布进行测定。粉体粒度的测试方法有许多种：筛分析、显微镜法、沉降法和激光法等。激光法是用途最广泛的一种方法。它具有测试速度快、操作方便、重复性好、测试范围宽等优点，是现代粒度测量的主要方法之一。

激光粒度测试是利用颗粒对激光产生衍射和散射的现象来测量颗粒群的粒度分布的，其基本原理为：激光经过透镜组扩束成具有一定直径的平行光，照射到测量样品池中的颗粒悬浮液时，产生衍射，经傅氏（傅里叶）透镜的聚焦作用，在透镜的后焦平面位置设有一多元光电探测器，能接收颗粒群衍射的光通量，光-电转换信号再经模数转换，送至计算机处理，根据夫琅禾费衍射原理关于任意角度下衍射光强度与颗粒直径的公式，进行复杂的计算，并运用最小二乘法原理处理数据，最后得到颗粒群的粒度分布。

粉末松装密度（apparent density of powders）是指粉末在规定条件下自由充满标准容器后所测得的堆积密度，即粉末松散填装时单位体积的质量，单位为 g/cm^3，是粉末的一种工艺性能。

粉末松装密度的测量方法有3种：漏斗法、斯柯特容量计法、振动漏斗法。

（1）漏斗法：粉末从漏斗孔按一定高度自由落下充满杯子。

（2）斯柯特容量计法：把粉末放入上部组合漏斗的筛网上，自由或靠外力流入布料箱，交替经过布料箱中4块倾斜角为25°的玻璃板和方形漏斗，最后从漏斗孔按一定高度自由落下充满杯子。

（3）振动漏斗法：将粉末装入带有振动装置的漏斗中，在一定条件下进行振动，粉末借助振动，从漏斗孔按一定高度自由落下充满杯子。

一般来说，对于在特定条件下能自由流动的粉末，采用漏斗法；对于非自由流动的粉末，采用后两种方法。

影响粉末松装密度的因素很多，如粉末颗粒形状、尺寸、表面粗糙度及粒度分布等。通常这些因素因粉末的制取方法及工艺条件的不同而有明显差别。一般地说，粉末松装密度随颗粒尺寸的减小、颗粒非球状系数的增大以及表面粗糙度的增加而减小。粉末粒度组成对其松装密度的影响不是单值的，常由颗粒填充空隙和架桥两种作用来决定。若以后者为主，则使粉末松装密度降低；若以前者为主，则使粉末松装密度提高。为获得所需要的粉末松装密度值，除考虑以上因素外，合理地分级合批也是可行的办法。

三、试验仪器与试剂

仪器：超声清洗器、烧杯、玻璃棒、Easysizer20激光粒度仪、量筒、松装密度仪。

试剂：蒸馏水、六偏磷酸钠、自制钴酸锂。

四、实验步骤

（一）松装密度测试

（1）打开松装密度仪电源开关；

（2）称取20 g钴酸锂粉末，放入25 mL振实管中，启动机器振动5 min；

（3）读取振实管中粉末体积，计算出粉末的松装密度；

（4）重新取样，重复测试3次，取3次测量结果的平均值即为粉末的松装密度。

（二）粒度测试

1．测试准备

（1）仪器及用品准备

① 仔细检查粒度仪、计算机、打印机等，看它们是否连接好，放置仪器的工作台是否牢固，并将仪器周围的杂物清理干净。

② 向超声波分散器分散池中加大约 250 mL 水。

③ 准备好样品池、蒸馏水、取样勺、取样器等实验用品，装好打印纸。

（2）取样与悬浮液的配置

激光粒度仪是通过对少量样品进行粒度分布测定来表征大量粉体粒度分布的。因此要求所测的样品具有充分的代表性。取样一般分三个步骤：大量粉体（10*n* kg）→实验室样品（10*n* g）→测试样品（10*n* mg）。

① 从大堆粉体中取实验室样品应遵循的原则

尽量从粉体包装之前的料流中多点取样；在容器中取样，应使用取样器，选择多点并在每点的不同深度取样。

注意：每次取完样后都应把取样器具清洗干净，禁止用不洁净的取样器具取样。

② 实验室样品的缩分

勺取法：用小勺多点（至少 4 点）取样。每次取样都应将进入小勺中的样品全部倒进烧杯或循环池中，不得抖出一部分，保留一部分。

圆锥四分法：将试样堆成圆锥体，用薄板沿轴线将其垂直切成相等的 4 份，将对角的 2 份混合，再堆成圆锥体，再用薄板沿轴线将其垂直切成相等的 4 份，如此循环，直到其中一份的量符合需要（一般在 1 g 左右）为止。

分样器法：将实验室样全部倒入分样器中，经过分样器均分后取出其中一份，如这一份的量还多，应再倒入分样器中进行缩分，直到其中一份（或几份）的量满足要求为止。

③ 配制悬浮液

介质：激光粒度仪进行粒度测试前要先将样品与某液体混合配制成悬浮液。用于配制悬浮液的液体叫作介质，介质的作用是使样品呈均匀、分散、易于输送的状态。对介质的一般要求是：a. 不使样品发生溶解、膨胀、絮凝、团聚等物理变化；b. 不与样品发生化学反应；c. 对样品的表面应具有良好的润湿作用；d. 透明、纯净、无杂质。可选作介质的液体很多，最常用的有蒸馏水和乙醇。特殊样品可以选用其他有机溶剂做介质。

分散剂：分散剂是指加入介质中的少量能使介质表面张力显著降低，从而使颗粒表面得到良好润湿作用的物质。不同的样品需要用不同的分散剂。常用的分散剂有焦磷酸钠、六偏磷酸钠等。分散剂的作用有两个方面，其一是加快“团粒”分解为单体颗粒的速度；其二是延缓和阻止单个颗粒重新团聚成“团粒”。分散剂的用量为沉降介质质量的 0.2% ~ 0.5%。使用时可将分散剂按上述比例加到介质中，待充分溶解后即可使用。

说明：用有机系列介质（如乙醇）时，一般不用加分散剂。因为多数有机溶剂本身具有分散作用。此外还因为一些有机溶剂不能使分散剂溶解。

悬浮液浓度：将加有分散剂的介质（约 80 mL）倒入烧杯中，然后加入缩分得到的实验样品，充分搅拌，放到超声波分散器中进行分散，如图 2-14 所示。此时加入样品的量只需粗略控制，80 mL 介质加入 1/3 ~ 1/5 勺即可。通常是样品越细，所用的量越少；样品越粗，所用的量越多。

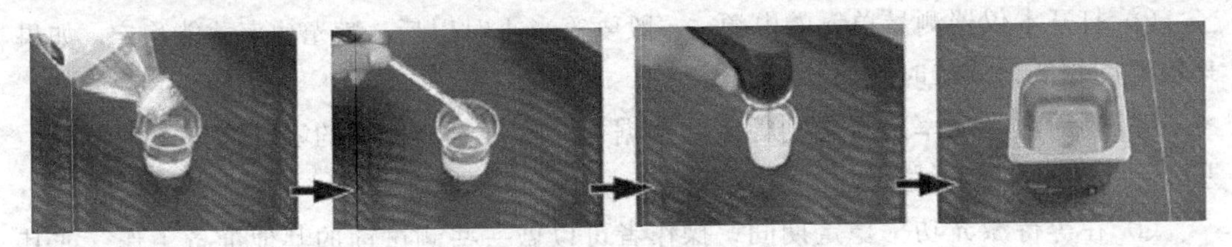

图 2-14　悬浮液的配制与分散

说明：测量同样规格的样品时，要大致找出一个比较合适的样品和介质的比例，这样每次测试该样品时就可以按相同的规程操作了。

④ 分散时间

将装有配好的悬浮液的烧杯放到超声波分散器中，打开电源开关进行超声波分散处理。由于样品的种类、粒度以及其他特性的差异，不同种类、不同粒度颗粒的表面能、静电、黏结等特性都不同，所以要使样品得到充分分散，不同种类的样品以及同一种类不同粒度的样品，超声波分散时间也往往不同。

2. 测试步骤

（1）打开计算机及激光粒度分析仪，预热半小时。

（2）打开水池边的水龙头（先检查是否停水，然后检查连接仪器的水龙头是否进水状态）。

（3）打开桌面分析软件。

此时，可进行样品准备：① 在烧杯中配制约 80 mL 分散剂溶液（分散剂的用量为沉降介质（即自来水或蒸馏水）质量的 0.2% ~ 0.5%）；

② 加入粉末样品到小烧杯中（80 mL 介质中加入 1/3 ~ 1/5 勺粉末）；

③ 超声震荡分散 5 ~ 15 min。

（4）依次点击“编辑”→“进样器”→“进水”→“系统对中”。

（5）点击“配置”→“新建测量参数”，输入相应数据，点击“确定”，保存该设置的参数模板。

（6）点击“测量”→“选择测量参数”，找到该文件并打开，再点“确定”。

（7）点击“新建”（桌面上将出一个模板）。

（8）点击“自动”，然后根据仪器的相应提示（弹出小窗口），往样品池中加入样品溶液（系统将根据用户设定的测量参数自动完成测量过程中所有的操作）。

（9）数据导出到 Excel 中（粘贴板），以及使用拷屏键（或者 QQ 截屏工具）把粒度分布图转到 Excel 中。

测试过程注意事项：

（1）测量单元预热

① 如果是重新测量（即开机后已经测过样品），则此步骤可免。只有第一次开机，或关机超过半小时再重新开机，才需要预热。

② 打开本仪器测量单元的电源，一般要等半小时以后，激光功率才能稳定。如果环境温度较低，等待时间还要延长。

③ 判断激光功率是否达到稳定的依据是，背景光能分布的零环高度（参考下一步，系统对中）是否稳定。

④ 在等待激光功率稳定期间，操作者可以做一些测试前的其他准备工作，或其他事。

（2）系统对中

所谓系统对中，就是把激光束的中心与环形光电探测器的中心调成一致。本仪器具有自动对中功能。

正常情况下，零环高度调到最高时应在 60～30。零环高，其他环也相应较高；零环低，其他环也相应较低（参考刚交货时的相对高度）。如果零环下降，其他环反而升高，或者零环调到最高时，高度不高于 30，说明仪器处于不正常状态。

（3）自动测量

当启动该功能时，系统将根据用户设定的测量参数自动完成测量过程中所有的操作，包括：清洗、进水、对中、背景、进样、浓度调整、分析、保存、打印等。

3．测量结果的真实性确认

对于一个新样品，得到测试结果后，不应马上向外报告结果，因为初次测得的结果未必是真实的。在测量过程中，很多因素会使测量结果失真，如分散不良、悬浮液中有气泡、测量窗口玻璃结露、粗颗粒沉降、取样的代表性不佳等。下面介绍测量结果可靠性的判断方法，造成测量失真的原因、现象及排除方法。

（1）重复性是粒度测量结果可信性的重要指标

测量结果的重复性又称为再现性，是指仪器对同一待测粉末材料进行多次测量所得结果之间的相对误差。这里的多次测量分两种情况：① 同一次取样，反复测量；② 多次取样，多次测量。第二种情况测得的结果反应的重复性是全面的，第一种情况不能反映取样的代表性所引起的重复性问题。

影响重复性的因素可分为三大类：① 仪器本身的性能，是由仪器的质量决定的，与操作无关；② 样品的特性，如分布宽度、密度、分散性等；③ 操作。②、③两类因素有时相互交叉，相互影响。

粒度测量的重复性一般要用三个测量值的重复性来描述，它们是平均粒径（体积平均粒径或 D_{50}）、上限粒径（如 D_{90}、D_{95}）和下限粒径（如 D_{10}、D_7）。

在本仪器中，重复性是用被考察特征粒径的相对标准偏差来定义的。

利用本仪器软件的统计报告格式，可自动计算测量值的均方差和相对均方差。

（2）分散不良的影响

分散不良是影响测量结果可信性的常见原因。

影响样品分散效果的主要因素有以下几类：

① 样品颗粒的团聚性。团聚性与以下两方面有关：① 颗粒本身的表面物理特性；② 颗粒的粗细。一般来说颗粒越小，则团聚性越强，越不容易分散。

② 悬浮液的选择。不同材料的样品往往要用不同的悬浮液。悬浮液合适与否可以从液体能否浸润颗粒表面观察出来。如果能够浸润，则样品投入盛有悬浮液的量杯后，会很快下沉；否则就会有相当一部分浮在液面上。浮在液面上的比例越少，说明浸润越好，即悬浮液越恰当。

注意：悬浮液不能够溶解颗粒，或与颗粒发生化学反应。用上述肉眼观察的方法看来合适的悬浮液，有可能会与颗粒发生化学反应或溶解颗粒。是否发生了化学反应或溶解，可以从颗粒和液体的化学性质来判断；如果颗粒大小超过 1 μm，也可用显微观察混合液的方法来判断（取一滴混合液涂在载玻片上，在显微镜下应可观察到颗粒，如果观察不到颗粒，或看到颗粒的边缘正逐步模糊，则说明颗粒已被溶解，或正在发生化学反应）。

③ 分散剂的使用。分散剂是用来增进颗粒在悬浮液中的分散效果的。当有样品颗粒漂浮在悬浮液表面时，加进合适的分散剂后，浮在上面的颗粒会明显减少。

④ 超声振荡。一般情况下，悬浮液和样品颗粒混合成的混合液要在超声波清洗机内做超声振荡。超声波要有足够的功率，超声时间也要适当。

分散是否良好可以通过显微镜观察混合液发现。如果混合液中的颗粒有两颗或更多颗粘连的情况，则说明分散不好。有时从测量的重复性也可反映出分散效果，考察不同次取样测量的重复性时，分散不良的样品的测量结果往往是不稳定的。

（3）气泡的影响

由于在测量中使用了液体，因此容易产生气泡。气泡同液体中的颗粒一样，也要散射光，所以会干扰测量。

产生气泡的原因有以下几种：① 盖上静态样品池上盖时气泡没有排干净；② 第一次使用循环进样器，或循环系统内液体被完全排空后再次使用时循环系统内空气没完全排出；③ 循环进样器的循环速度太快，以致产生强烈的漩涡，空气被卷进液体，产生气泡；④ 分散剂中含有发泡剂，循环进样器循环时产生气泡；⑤ 由两种液体（如乙醇和水）混合而成的悬浮液在循环进样器内循环时可能产生气泡。

对原因①产生的气泡，用肉眼仔细观察静态样品池的窗口就可发现。以下主要讨论后三种原因产生的气泡，它们都是在循环进样器中产生的。

原因②产生的气泡，一般来说颗粒都比较大，用肉眼仔细观察循环进样器的测量窗口也可发现。从背景光能分布上也可以看出来：背景光能比正常情况强，且不稳定。只要让它多循环一会儿就会消失。

原因③产生的气泡也可通过肉眼观察测量窗口的方法观察到。从背景光能上看，循环速度的快慢对其有明显的影响。如在高速挡有气泡，就将仪器调到较低的挡位运行。

含有发泡剂的分散剂只能在静态样品池中使用，不能在循环进样器中使用；否则会产生大量的气泡。当悬浮液和发泡剂混合但未经搅拌时，不会产生气泡。循环进样器开始循环之后，气泡逐渐增多，一定时间之后达到顶峰。原因⑤产生的气泡现象与原因④相似。在情况比较严重时，可以看到悬浮液由透明变成白色，同时背景光能会明显增高。对这两种原因产生的少量气泡，可以这样观察：

步骤 1，把循环速度设为最低速，仪器处于背景测量状态；

步骤 2，启动循环，循环正常（约 3 s）后，作背景采样；

步骤 3，背景采样结束（屏幕上的光能分布表下方的“背景测量”按钮变成“样品分析”）后，将循环速度调到较高挡（加样槽不能产生样中旋涡），观察样品光能分布（此时实际上并没有样品）。

如果观察到的光能分布是稳定、光滑的，说明有气泡，看到的光能实际就是气泡散射的光能。

（4）测量窗口玻璃结露

当实验室温度较低（比如低于 10 °C），同时湿度又较高（如高于 90%）时，进样器的测量窗口插入测量单元后，玻璃上会逐渐产生一层雾。这是由于玻璃表面的温度明显低于测量单元内部温度。雾滴如同沾在玻璃表面上的尘埃颗粒，将散射光，从而干扰样品的粒度测量。

当测量窗口刚插入测量单元时，玻璃表面还没有雾滴。雾滴是缓慢产生的，也会自动消失。因此在背景测量状态下，会看到背景光能逐步变高，然后又渐渐恢复正常。当背景光能明显高于正常状态时，抽出测量窗口，会看到玻璃上有一层水雾。

显然，有水雾时不能进行背景或样品测量，必须等水雾散尽才行。水雾会自动散去，而且静态样品池比循环进样器散得快。

小诀窍：当窗口结的雾达到最多时，从测量单元内抽出窗口，可加快水雾散去的速度。

（5）粗颗粒沉降

用循环进样器测量样品时，要求投入加样槽的所有样品颗粒都有相同的机会参与循环过程，以保证测量的代表性。然而在实际测量中，粗颗粒（如粒径大于 60 μm 的颗粒）容易在管路系统中沉淀下来，在样品数据采样时测不到它们，从而使测量结果偏小。因此，我们在测量样品时，要尽量避免粗颗粒下沉。

当有粗颗粒沉降发生时，循环的时间越长，测得的粒度越小。

避免粗颗粒下沉或减少下沉对测量可信性的影响的方法有如下几种：

① 在不卷起气泡的前提下，尽量提高循环速度。

② 选用黏度较高的悬浮液。

③ 如果确实无法避免下沉，则在保证颗粒已在悬浮液内混合均匀的前提下，尽量缩短投进样品至数据采集的时间间隔。

（6）宽分布样品的测量

当样品中的最大粒与最小粒之比大于 15，或（$D_{90}-D_{10}$）/ $D_{50}>1.5$ 时，就可以认为样品是宽分布的。一般来说，样品的粒度分布越宽，测量的重复性就越差。为提高宽分布样品的测量重复性，可采用如下几种方法：

① 适当提高测量时的样品浓度。

② 延长采样的持续时间。

注意：由于激光功率不可避免地会随时间漂移，因此采样持续时间越长，激光功率不稳带来的影响就越大。因此，测量宽分布样品时，应让测量单元预热的时间尽量长一点，使激光功率更加稳定。

② 多次取样测量，取多次测量的平均值作为最终结果。

五、数据记录

记录相关实验数据。

六、注意事项

（1）整个系统的保养与维护

① 开机顺序：（交流稳压电源）→粒度仪→打印机→显示器→计算机。

② 关机顺序：计算机→打印机→粒度仪→（交流稳压电源）。

③ 搬运或移动前，应标记清楚每条信号线的接插位置，以便正确恢复连接。

④ 插拔电缆信号线时，一定要先关闭电源开关，再进行操作。

⑤ 系统各部分的电源不要瞬间开启或关闭。每次开、关时间间隔应大于 10 s。

⑥ 要经常检查保护地线，确保系统的各个部分都处于良好的接地状态。

（2）采用超声波分散器对样品进行分散处理时，控制分散时间，尽量分散彻底。

（3）分散剂用量不宜过多，以免影响试验结果。

七、思考题

列举 2 ~ 3 个影响测试结果可靠性的因素。

第三章 化学电源实验

实验九 锂离子电池正极配方设计及浆料制备

（4学时）

一、实验目的

（1）掌握锂离子电池正极配方各主要成分及其作用；

（2）掌握锂离子电池正极浆料制备（搅拌）方法；

（3）了解锂离子电池正极浆料评价指标。

二、实验原理

锂离子电池正极配方由以下组分构成：活性物质（钴酸锂）+导电剂（乙炔黑）+黏合剂（PVDF），其中活性物质一般占80%～98%。

活性物质一般是钴酸锂、三元材料、磷酸亚铁锂等。

乙炔黑作为导电剂，作用是连接大的活性物质颗粒，使导电性良好。

PVDF（聚偏二氟乙烯 ）用作黏结剂和增稠剂；集流体为铝箔。

浆料溶剂为*N*-甲基吡咯烷酮（NMP，化学名：*N*-Methyl-2-pyrrolidone ，分子式C_5H_9NO），它是稍有氨味的液体，与水以任何比例混溶，几乎与所有溶剂（乙醇、乙醛、酮、芳香烃等）完全混合。沸点204 °C，闪点95 °C。NMP是一种极性的非质子传递溶剂，具有毒性小、沸点高、溶解能力出众、选择性强和稳定性好等优点。广泛用于芳烃萃取，乙炔、烯烃、二烯烃的纯化；也用作聚合物的溶剂及聚合反应的介质。锂电工艺用：纯度 > 99.8%，比重1.025～1.040，含水量要求 < 0.005%。

确定好正极配方后，我们需要按照配比混料，加溶剂搅拌配制成浆料，以用于正极片涂布制作。

搅拌是将活性物质、导电炭黑、分散剂、黏结剂、添加剂等组分按照一定的比例和顺序加入搅拌机中，在搅拌桨和分散盘的翻动、揉捏、剪切等机械作用下混合在一起，形成均匀稳定的固液悬浮体系。

搅拌包括三个主要阶段，如图3-1所示。

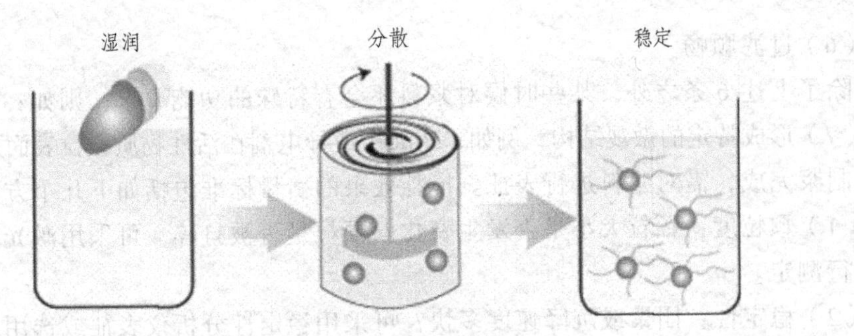

图 3-1　搅拌三要素

（1）润湿：液体溶剂取代气体占据待分散颗粒的表面。

（2）分散：通过搅拌设备的机械作用将待分散颗粒打散。

（3）稳定：通过分散剂的作用，使已分散的颗粒不再团聚到一起。

正极材料一般与 NMP 浸润良好，因此大规模生产过程中可采用行星式搅拌机，用常规搅拌工艺进行搅拌。常规搅拌按照流程通常可以分为 Binder（PVDF）稀溶液制备、导电剂的分散和活性材料的搅拌。

开始阶段，将已预溶好的 Binder 溶液加入溶剂中，进行溶液稀释。此阶段不需要强力剪切，只需混合均匀即可，所以在行星式搅拌机中一般采用较快的公转和较慢的自转，在较短的时间内即可完成。

将导电剂粉末加入稀释好的 Binder 稀溶液中，进行导电剂分散。此阶段的作用是将导电剂分散开，需要强力的剪切作用，所以一般将分散盘设置得非常高，便于导电剂颗粒的解聚。一般采用导电炭黑的颗粒度来衡量其分散情况，对 Super P，一般 $D_{50} < 5\ \mu m$ 认为分散良好。

导电剂分散完成后，加入活性物质。根据活性物质的特性，可以一次性全部加入，也可以分多次间隔加入。由于活性物质需要与溶剂相互浸润，这里也需要较强的剪切作用，一般采用较快的公转和较慢的自转。

搅拌完成后，需检测浆料各项指标（如黏度、固含量、颗粒度、过滤性等），正极浆料因材料不同一般黏度要求在 3 000 ~ 10 000 mPa · s。如果浆料黏度不合格，还需补充 NMP 和延长搅拌时间调节黏度。

实验室制备正极浆料，因用量较少，可采用行星球磨机制备所需浆料，并取消 PVDF 预溶步骤，可一步球磨法制备所需浆料，提高效率。

搅拌的目的是制备浆料，而好的浆料必须满足以下几点要求：

（1）均匀性好；

（2）分散性好；

（3）稳定性好。

从涂布的角度出发，好的浆料还需要满足：

（4）高固含量（节省溶剂，降低涂布烘干时的能耗）；

（5）合适的黏度；

（6）过滤顺畅。

除了上述 6 条之外，某些时候对浆料还会有特殊的功能要求，则如：

（7）形成特定的微观结构，例如，Binder 或导电剂在活性物质颗粒表面形成包覆。

制浆完成，需对浆料进行表征。搅拌效果的衡量标准包括如下几个方面：

（1）颗粒度：颗粒大小是否发生变化，颗粒是否被打碎。可采用激光粒度仪对浆料进行测定。

（2）稳定性：团聚或沉降速度多快？可采用稳定性分析仪表征或选用烧杯量取一定质量浆料静置 48 h，用钢尺测量烧杯底部沉积层厚度。

（3）过滤性：可流畅过滤的滤网目数？可用烧杯量取一定质量浆料过特定目数滤网，测定过滤时间，观察滤网残留物，进行表征。

（4）均匀性：导电炭与 Binder 是否均匀地分布在活性物颗粒的周围？可对浆料进行冷冻干燥后，采用扫描电镜进行观察。

（5）适涂性：涂布的黏度窗口？是否有拖尾、条痕、麻点、凹坑、脱膜等弊病？可采用转子黏度计表征浆料黏度，并试涂布检验浆料的适涂性。

三、实验仪器与试剂

仪器：烧杯、行星球磨机、电子天平、量筒、玻璃棒、药勺、培养皿、转子黏度计、200 目过滤网、烘箱、激光粒度仪。

试剂：钴酸锂、乙炔黑、PVDF、NMP。

四、实验步骤

（1）按表 3-1 设计各组正极配方。

表 3-1　锂离子电池正极配方设计

配方编号（wt）/ %	$LiCoO_2$	SP	PVDF
1#	80	10	10
2#	90	5	5
3#	95	2	3

（2）按上述配方各称取相应粉体，置于 80 °C 烘箱中烘烤 2 h，去除材料表面吸附水。

（3）将配好的粉体转移到球磨罐中，按数量比 2∶1 加入一定数目的大小两种玛瑙磨球，将球磨罐装入球磨机，按 150 r/min 球磨 15 min，使粉料混合均匀。

（4）称取一定量的 NMP 加入球磨罐，装入球磨机，按 200 r/min 球磨 2 h，得到分散均匀的正极浆料，采用转子黏度计测量浆料黏度。

（5）通过多次增加 NMP 量，调节浆料黏度，并采用过滤网检测浆料的过滤性，采用激光粒度仪测量浆料粒度。

（6）称取空培养皿质量，记为 m_1，倒入一定量制备好的浆料，称取培养皿质量，记为 m_2。

（7）将盛有浆料的培养皿放入 120 °C 烘箱中烘烤 4 h，待溶剂完全挥发，称量培养皿质量，记为 m_3。

（8）按下式计算浆料实际固含量

$$\text{实际固含量}=\frac{m_3-m_1}{m_2-m_1}$$，并与配料理论固含量进行比较。

五、数据记录

在表 3-2 中记录相关实验数据。

表 3-2　锂离子电池正极浆料评价指标

配方编号（wt）/ %	出货浆料黏度 /mPa · s	实际固含量/%	理论固含量/%	100 mL 浆料过 200 目滤网时间/s	浆料颗粒度/μm		
					D_{10}	D_{50}	D_{90}
1#							
2#							
3#							

六、思考题

1. 如果要配制 500 kg 固含量为 70% 的锂离子正极浆料，正极配方为 $m(LiCoO_2)$：m(SP)：m(PVDF) = 92：5：3，请计算各需要多少钴酸锂、SP、PVDF 和溶剂 NMP。

2. 正极浆料制备最大的挑战是什么？

实验十　锂离子电池正极极片制备（涂布和辊压）

（4学时）

一、实验目的

（1）了解锂离子电池正极涂布、辊压基本原理；
（2）掌握锂离子电池正极涂布、辊压工艺；
（3）了解锂离子电池正极涂布、辊压工艺评价指标。

二、实验原理

1. 涂　布

涂布是将流体浆料均匀地涂覆在金属箔的表面并烘干，制成电池极片。工业生产中电池极片涂布分为转移涂布（图 3-2）和挤压涂布（图 3-3）。转移涂布基本原理为：涂辊转动带动浆料，通过调整刮刀间隙来调节浆料转移量，并利用背辊与涂辊的相对转动将浆料转移到基材上，然后通过干燥加热蒸发浆料中的溶剂，使固体物质黏结于基材上。

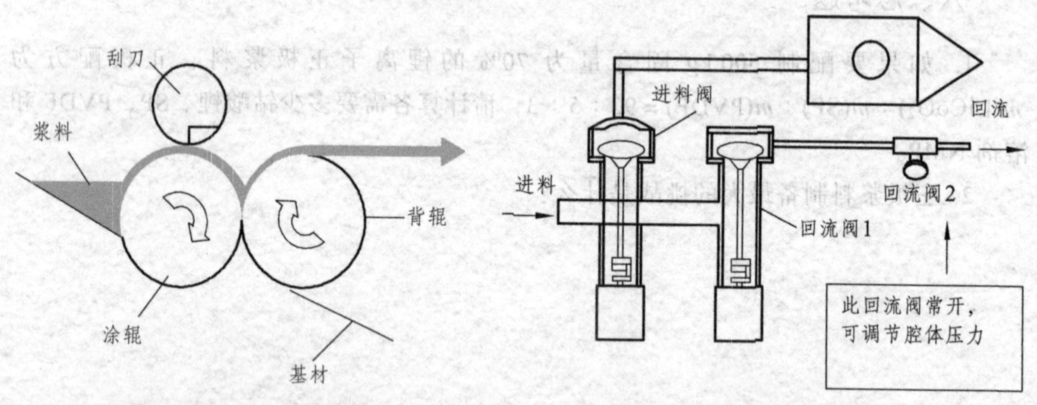

图 3-2　转移涂布示意图　　　　图 3-3　挤压涂布示意图

挤压涂布核心是挤压涂布头腔体结构与浆料流变性的配合，浆料经过泵输送到涂布头腔体中，由于挤压涂布头唇口间隙较小，浆料会受到较大流动阻力，在腔体中进行填充，填充满之后再流经唇口涂覆在基材上。在这个过程中，要求刀模变形尽可能小，目的是保证涂覆的一致性。动力电池主要采用连续涂布，相对较简单。消费类电池主要采用间隙涂布，需要增加间隙阀装置。间隙阀结构原理如图 3-3 所示。当进行涂布时，浆料进入间隙阀，进料阀打开，回流阀关闭，浆料就进入挤压涂布头中。当实现间隙时，进料阀关闭，回流阀 1 打开，而回流阀 2 一直处于打开状态，浆料就会从回流管道回流到中转罐中。

涂布机生产正极极片一般包括 4 个步骤：放卷，涂膜，干燥，收卷（图 3-4）。正极极片的基材一般采用铝箔，放卷和收卷一般通过调节张力控制，涂膜量通过刮刀或挤压泵控制，而干燥过程往往采用多段温度烘干。

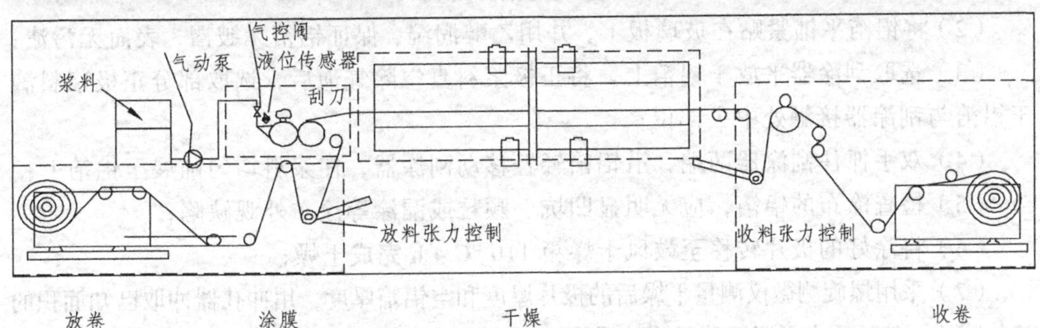

图 3-4 涂布机结构原理示意图

为保持所生产的极片的一致性，在涂布过程中需要控制的重要参数有：涂布质量、涂布尺寸、涂布外观。

实验室正极极片制备相对简单，一般采用涂刮器涂制极片后在真空干燥箱内烘干。

2．辊 压

辊压是将涂布后的极片压实，达到合适的密度和厚度（图 3-5）。基本原理是通过调节压辊的间隙以调节压力，从而调节极片被压实的厚度和密度。表征参数：正极压实密度 = 面密度/材料的厚度。

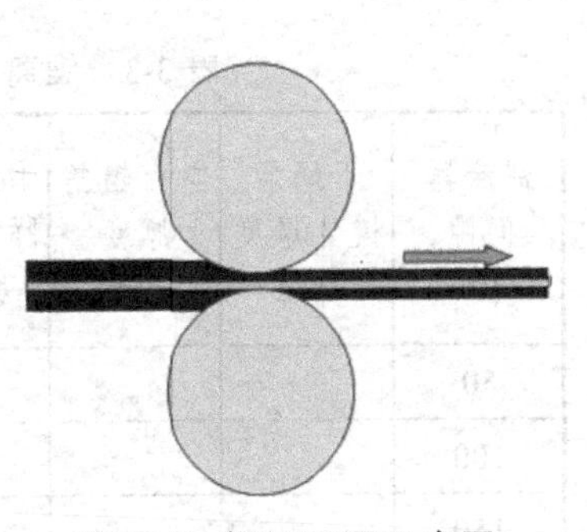

图 3-5 辊压原理示意图

辊压工艺的目的及功能是：

（1）压实正极或负极多孔极片的粉料层，让粉料颗粒间、粉料与集流体间电子接触良好。

（2）通过控制正极或负极材料的压实密度，可减小电池极片的膜片电阻，提高电池极片膜片电阻的一致性，进而提高电池极片电流密度的一致性，减小极化损失，增大电池的放电容量、放电倍率。

（3）通过控制正极或负极材料的压实密度，可提高电极极片粉料层与集流体间的黏接力，提高电池极片的加工性能与电池的寿命。

实验室一般采用小型压片机调整两辊间隙压制极片。

三、实验仪器与试剂

仪器：刮涂器，钢尺，玻璃板，滴管，烧杯，真空干燥箱，螺旋测微仪，冲孔机，电子天平，辊压机。

试剂：正极浆料，乙醇，铝箔。

四、实验步骤

（1）裁取 10 cm × 50 cm 规格尺寸的铝箔；

（2）将铝箔平铺紧贴在玻璃板上，并用乙醇润湿，保证铝箔无皱褶，表面无污渍；

（3）选取刮涂器平放于铝箔上，将正极浆料真空除气泡后，选取部分正极浆料滴于铝箔与刮涂器接触处中央部位；

（4）双手抓住刮涂器两端，沿铝箔轻轻移动刮涂器，使浆料均匀铺展至铝箔上；

（5）检查涂布的铝箔，应无明显凹坑、颗粒或漏涂等涂布外观缺陷；

（6）将涂好的极片转移至鼓风干燥箱 110 °C 4 h 完成干燥；

（7）采用螺旋测微仪测量干燥后的极片厚度和空铝箔厚度，用冲孔器冲取已知面积的极片圆片，然后用电子天平称量圆片质量，计算其面密度和特定压实密度所需极片厚度；

（8）根据计算结果调节辊压机间隙厚度，将干燥后的极片通过辊压机冷压到满足所需压实密度，采用螺旋测微仪检测冷压后膜片厚度。

五、数据记录

在表 3-3 中记录相关实验数据。

表 3-3　锂离子电池正极极片涂布、辊压工艺评价指标

刮涂器间隙/μm	干燥后极片厚度/μm	空白铝箔厚度/μm	干燥后实际涂膜厚度/μm	干燥后极片圆片质量/g	空白铝箔圆片质量/g	干燥后实际涂膜圆片质量/g	辊压后膜片厚度/μm	辊压后压实密度/g · cm^{-3}
50								
100								
150								
200								

六、思考题

正极浆料涂布过程中最容易出现凝胶问题，其主要原因是什么？有什么解决措施？

实验十一　锂离子电池负极配方设计及浆料制备

（4学时）

一、实验目的

（1）掌握锂离子电池负极配方各主要成分及其作用；
（2）掌握锂离子电池负极浆料制备（搅拌）方法；
（3）了解锂离子电池负极浆料评价指标。

二、实验原理

锂离子电池负极配方由以下组分构成：活性物质（石墨）+导电剂（乙炔黑，SP）+增稠剂（羧甲基纤维素钠，CMC）+黏结剂（丁苯橡胶，SBR），其中活性物质比例可达 90% ~ 98%。

石墨：负极活性物质，构成负极反应的主要物质；主要分为天然石墨和人造石墨两大类。非极性物质，易被非极性物质污染，易在非极性物质中分散；不易吸水，也不易在水中分散。被污染的石墨，在水中分散后，容易重新团聚。一般粒径 D_{50} 为 20 μm 左右。颗粒形状多样且多不规则，主要有球形、片状、纤维状等。

导电剂：其作用为提高负极片的导电性，补偿负极活性物质的电子导电性。提高反应深度及利用率；防止枝晶的产生；利用导电材料的吸液能力，提高反应界面，减少极化。由于石墨导电性远好于正极材料，因此，可根据石墨粒度分布选择少量加甚至不加。

添加剂：降低不可逆反应，提高黏附力，提高浆料黏度，防止浆料沉淀。

增稠剂/防沉淀剂（CMC）：高分子化合物，易溶于水和极性溶剂。CMC 具有两亲性，可以促进石墨和去离子水之间的浸润。

异丙醇：弱极性物质，加入后可减小黏合剂溶液的极性，提高石墨和黏合剂溶液的相容性；具有强烈的消泡作用；易催化黏合剂网状交链，提高黏结强度。

乙醇：弱极性物质，加入后可减小黏合剂溶液的极性，提高石墨和黏合剂溶液的相容性；具有强烈的消泡作用；易催化黏合剂线性交链，提高黏结强度（异丙醇和乙醇的作用从本质上讲是一样的，大批量生产时可考虑成本因素然后选择添加哪种）。

水性黏合剂（SBR）：将石墨、导电剂、添加剂和铜箔或铜网黏合在一起。小分子线性链状乳液，极易溶于水和极性溶剂。

去离子水（或蒸馏水）：稀释剂，酌量添加，改变浆料的流动性。

确定好负极配方后，按照配比混料，加溶剂搅拌配制成浆料，以用于负极片涂布制作。

负极搅拌是将活性物质、导电炭黑、分散剂、黏结剂、添加剂等组分按照一定的比例和顺序加入搅拌机中，在搅拌桨和分散盘的翻动、揉捏、剪切等机械作用下混合在一起，形成均匀稳定的固液悬浮体系。

负极搅拌过程同样包括浸润、分散和稳定三要素，其浆料基本评价指标和正极浆料类似。但负极浆料中的石墨属油性物质，和水溶液体系浸润困难（图 3-6），因此工业生产中常采用捏合工艺。

图 3-6 石墨分散于水溶液中（浸润差、团聚）和石墨分散于 NMP 中（浸润好，浆料均匀）

捏合搅拌是利用机械搅拌使糊状、黏性及塑性物料均匀混合的操作，包括物料的分散和混合两种作用。在捏合的过程中，物料通常有两种作用形式，一是压缩、剪切、置换，二是拉伸、折叠、拉伸，且这两种形式互相混合，形成有力的分散作用。捏合原理如图 3-7 所示。

锂离子电池负极浆料的捏合搅拌通常可分为五个阶段。首先，将活性物质、增稠剂、导电剂、添加剂的粉料进行干混；然后边搅拌边逐步加入适量的溶剂或增稠剂溶液，对粉末进行浸润；当溶剂或增稠剂溶液加至合适的量之后，开始预捏合，这一步骤是为了增强粉末的浸润；接着开始物料捏合，捏合的过程中物料不断被挤压、拉伸、折叠、剪切；经过一段时间的捏合，物料最终呈均匀的面团状（图 3-8）。

完成捏合成团后，只需要缓慢加入溶剂或增稠剂溶液并进行快速搅拌，稀释至合适的黏度，即得到浆料。负极浆料所用黏结剂为 SBR 乳液，未防止破乳，因此 SBR 乳液需最后加入，并控制搅拌机转速。负极浆料黏度一般控制在 2 000 ~ 6 000 mPa·s。

实验室制备负极浆料因量较少，一般可采用球磨制浆，但因需要捏合过程，因此球料比要比正极制浆适当增大。

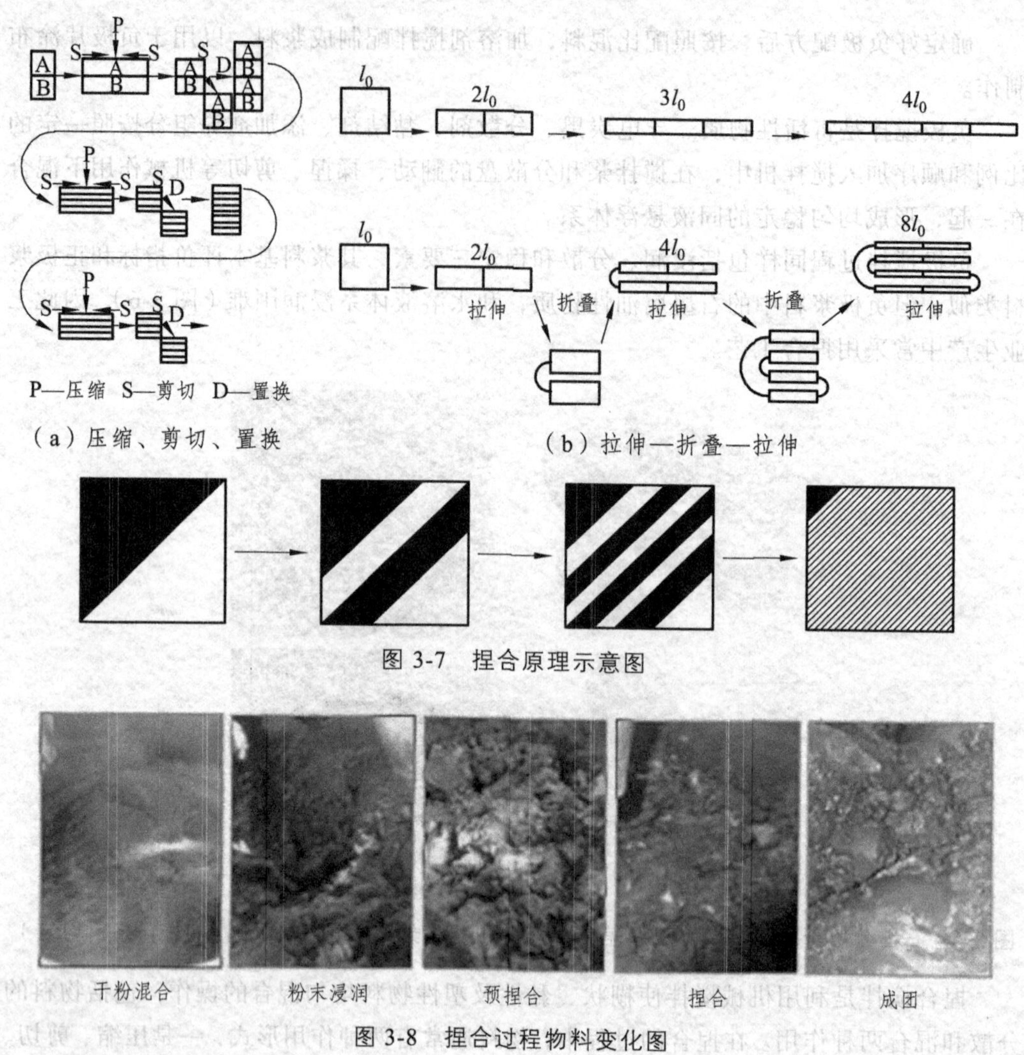

（a）压缩、剪切、置换

（b）拉伸—折叠—拉伸

图 3-7 捏合原理示意图

图 3-8 捏合过程物料变化图

三、实验仪器与试剂

仪器：烧杯、行星球磨机、电子天平、量筒、玻璃棒、药匙、培养皿、转子黏度计、200 目过滤网、烘箱、激光粒度仪。

试剂：石墨、乙炔黑、CMC、SBR、去离子水。

四、实验步骤

（1）按表 3-4 设计各组负极配方。

（2）按上述配方各称取石墨、SP 和 CMC 粉体，置于 80 °C 烘箱中烘烤 2 h，去除材料表面吸附水。

（3）将配好的粉体转移到球磨罐中，按数量比 2∶1 加入一定数目的大小两种玛瑙磨球，将球磨罐装入球磨机，按 150 r/min 球磨 15 min，使粉料混合均匀。

表 3-4　锂离子电极负极配方设计

配方编号（wt）/%	石墨	SP	CMC	SBR
1#	90	5	3	2
2#	95	2	2	1
3#	96	1	2	1

（4）称取少量去离子水加入球磨罐，装入球磨机，按 250 r/min 球磨 20 min。

（5）往球磨罐中补充少量去离子水，重复第（4）步，补水 3 次，球磨共 80 min 后，采用转子黏度计测量浆料黏度，确保浆料黏度在 10 000 ~ 20 000 mPa · s。

（6）添加去离子水，调节浆料黏度，并采用过滤网检测浆料的过滤性，采用激光粒度仪测量浆料粒度。

（7）浆料基本指标达标后，将浆料转移至烧杯中，加入称量好的 SBR 乳液，用磁力搅拌器慢速搅拌 15 min，最终得到成分均匀的负极浆料。

（8）称取空培养皿质量，记为 m_1，倒入一定量制备好的浆料，称取培养皿质量，记为 m_2。

（9）将盛有浆料的培养皿放入 100 °C 烘箱中烘烤 4 h，待溶剂完全挥发，称量培养皿质量，记为 m_3。

（10）按下式计算浆料实际固含量，并与配料理论固含量进行比较。

$$\text{实际固含量} = \frac{m_3 - m_1}{m_2 - m_1}$$

五、数据记录

在表 3-5 中记录相关实验数据。

表 3-5　锂离子电池负极浆料评价指标

配方编号（wt）/%	出货浆料黏度 /mPa · s	实际固含量/%	理论固含量/%	100 mL 浆料过 200 目滤网时间/s	浆料颗粒度 /μm		
					D_{10}	D_{50}	D_{90}
1#							
2#							
3#							

六、思考题

（1）如果要配制 500 kg 固含量为 50% 的锂离子负极浆料，负极配方为 m(石墨)：m(SP)：m(CMC)：m(SBR) = 90：3：5：2，计算各需要多少石墨、SP、CMC。

（2）负极浆料制备最大的挑战是什么？

实验十二　锂离子电池负极制备（涂布和辊压）

（4学时）

一、实验目的

（1）了解锂离子电池负极涂布、辊压基本原理；

（2）掌握锂离子电池负极涂布、辊压工艺；

（3）了解锂离子电池负极涂布、辊压工艺评价指标。

二、实验原理

涂布是将流体浆料均匀地涂覆在金属箔的表面并烘干，制成电池极片。工业生产中电池极片涂布分为转移涂布（图 3-9）和挤压涂布（图 3-10）。负极极片涂布的原理与正极极片涂布相同。

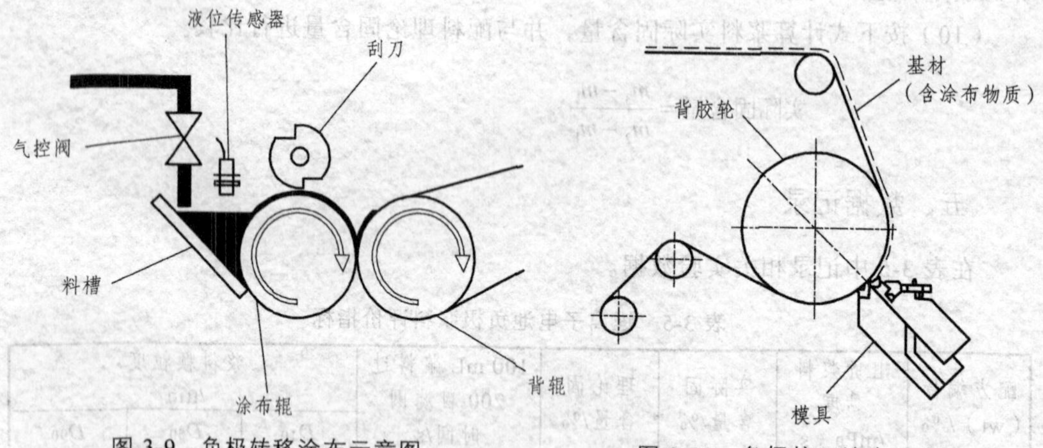

图 3-9　负极转移涂布示意图　　图 3-10　负极挤压涂布示意图

涂布机生产负极极片一般包括 4 个步骤：放卷，涂膜，干燥，收卷。负极极片的基材一般采用铜箔，放卷和收卷一般通过调节张力控制；涂膜量通过刮刀或挤压泵控制；而干燥过程往往采用多段温度烘干，但因为负极浆料采用的是水溶液体系，因此烘箱的设置温度和正极涂布机略有不同。

为保持所生产的极片的一致性，在负极涂布过程中需要控制的重要参数有：涂布质量、涂布尺寸、涂布外观。

实验室制备负极极片相对简单，一般采用涂刮器涂制极片后在真空干燥箱内烘干。

辊压是将涂布后的极片压实，达到合适的密度和厚度。基本原理是通过调节压辊的间隙以调节压力，从而调节极片被压实的厚度和密度。负极辊压的目的和正极辊压相同，但负极活性物质为石墨，表现出一定的弹性，因此负极辊压后有极片反弹的现象，负极极片压实密度也低于正极极片。

表征参数：负极压实密度 = 面密度/材料的厚度。

三、实验仪器与试剂

仪器：刮涂器、钢尺、玻璃板、滴管、烧杯、真空干燥箱、螺旋测微仪、冲孔机、电子天平、辊压机。

试剂：负极浆料、乙醇、铜箔。

四、实验步骤

（1）裁取 10 cm × 50 cm 规格尺寸的铜箔。

（2）将铜箔平铺紧贴在玻璃板上，并用乙醇润湿，保证铜箔无皱褶，表面无污渍。

（3）选取刮涂器平放于铜箔上，将负极浆料真空除气泡后，选取部分负极浆料滴于铜箔与刮涂器接触处中央部位。

（4）双手抓住刮涂器两端沿铜箔轻轻移动刮涂器，使浆料均匀铺展至铜箔上。

（5）检查涂布的铜箔，应无明显凹坑、颗粒或漏涂、拖尾水印等涂布外观缺陷。

（6）将涂好的极片转移至鼓风干燥箱 110 °C 4 h 完成干燥。

（7）采用螺旋测微仪测量干燥后的极片厚度和空铜箔厚度，用冲孔器冲取已知面积的极片圆片，然后用电子天平称量圆片质量，计算其面密度和特定压实密度所需极片厚度。

（8）根据计算结果调节辊压机间隙厚度，将干燥后的极片通过辊压机冷压到满足所需压实密度，采用螺旋测微仪检测冷压后膜片厚度。

五、数据记录

在表 3-6 中记录相关实验数据。

表 3-6　锂离子电池负极极片涂片、辊压工艺评价指标

刮涂器间隙/μm	干燥后极片厚度/μm	空白铜箔厚度/μm	干燥后实际涂膜厚度/μm	干燥后极片圆片质量/g	空白铜箔圆片质量/g	干燥后实际涂膜圆片质量/g	辊压后膜片厚度/μm	辊压后压实密度/g·cm^{-3}
50								
100								
150								
200								

六、思考题

简述冷压工艺的作用。

实验十三　扣式锂离子电池制作

（6学时）

一、实验目的

（1）了解扣式锂离子电池的基本结构组成；
（2）掌握扣式锂离子电池组装工艺。

二、实验原理

实验室制作的扣式锂离子电池主要用于评估锂离子正负极材料的电性能，是一种“半电池”或“模拟电池”，其电池基本构成与其他锂离子电池结构类似。扣式锂离子电池正极为待评估电极材料，对应负极为锂片，负极集流体为泡沫镍网或弹簧垫片，正负极之间用隔膜隔开，加入电解液封装后，扣式锂离子电池即可工作，用于材料电性能表征测试。其充放电原理与常规锂电池和锂离子电池类似。

扣式锂离子电池结构根据层堆次序由下至上分别为正极壳、正极片、隔膜、锂片、弹簧垫片（或镍网）和负极壳（图3-11）。

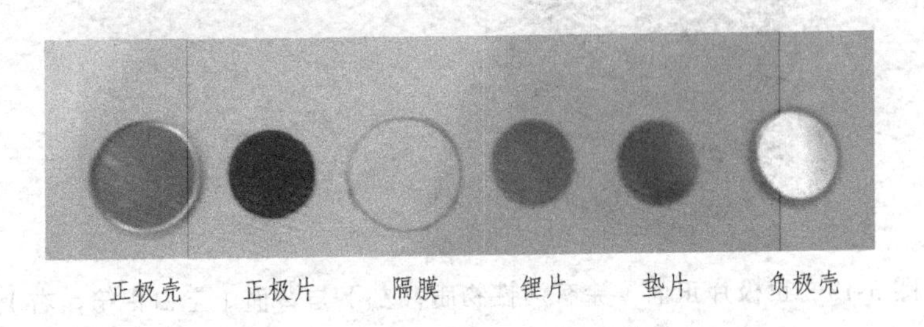

图3-11　扣式锂离子电池基本组件

常用的扣式电池的电池壳型有为CR2032（图3-12）、CR2025、CR2016等，C代表扣电体系，R代表电池外形为圆形。前两位数字为直径（单位mm），后两位数字为厚度（单位0.1 mm），取两者的接近数字。例如，CR2032的大略尺寸为直径20 mm，厚度3.2 mm；正极壳较大，负极壳表面有网状结构且较小，边缘有高分子密封圈。

图 3-12 CR2032 扣式电池正极壳（左），负极壳（右）

正负极极片的制备流程分别见实验十和实验十二，区别在于正极涂铅布在铝箔上，负极涂布在铜箔上。如果评价的是负极材料，在扣式电池中也是选用该负极材料做正极使用，对应负极为锂片，只是电性能测试时要谨慎选用测试电压范围。因为铜在高电位下容易氧化，不宜作为正极的集流体，铜表面的氧化层属于半导体，电子导通，氧化层太厚时，阻抗会增加。同时因为锂不会与铜在低电位下形成嵌锂合金，所以负极集流体用铜箔。同理，铝本身比较活泼，在低电位下，铝会出现嵌锂，生成锂铝合金，不宜作为负极的集流体。如果使用铝箔作为负极的集流体，铝会和锂形成合金，然后粉化，严重影响电池的寿命和性能。扣式电池组装过程中需要对正极片进行筛选，正极片涂布必须均匀，不能有划痕、漏涂和表面明显颗粒，冲片后圆片边缘不能有毛刺（图 3-13）。

图 3-13 正极片正面（涂有活性物质，左）与背面（空白铝箔，右）

实验室所用扣式锂离子电池隔膜一般为 Celgard2400 或者 Celgard 系列其他产品，冲压成小圆片后使用，直径略大于正负极极片。隔膜表面必须干净，无皱褶。

锂片作为负极片直径略小于负极壳直径，因为锂片比较柔软，容易变形，所以夹取时应小心用力。而且金属锂在空气中极易氧化变质，遇水容易爆炸，所以必须在手套箱中存储和组装电池。

弹簧垫片或泡沫镍网主要是起到支撑电池的作用，如果没有弹片，在压电池的步骤中会把电池压得很扁，内部组件可能被压坏。弹片只在负极侧加，但是若正负极都加了弹片，压电池步骤中不能将扣电封闭，导致电解液与空气接触而使电池失效。

三、实验仪器与用品

仪器：冲孔器、培养皿、手套箱、镊子、滴管、封口机、万用表、电子天平、烘箱。

用品：正极片、隔膜、正极壳、负极壳、电解液、锂片、镍网。

四、实验步骤

（1）用冲孔器冲孔制备正极圆片并称量，根据正极设计配方计算出圆片上活性物质的量。

（2）待手套箱水含量和氧含量达标后，将烘干除湿后的正极片、隔膜、电池壳等相关部件用培养皿装载放入手套箱。

（3）左手镊子夹住正极壳，开口向上，平放于手套箱操作台面上。

（4）往正极壳正中央滴加一滴电解液。

（5）用镊子从侧面小心夹取正极片，将涂布层向上，放于正极壳的正中间。镊子夹取的力度合适，不要损伤正极片，严防弯折或者扭曲电极片，保持平整，放在正极壳中。

（6）用镊子夹取隔膜，先将隔膜对准电池壳边缘，轻轻放下，尽量避免产生气泡，使隔膜完全覆盖正极片并被浸润完全。

（7）用镊子夹取锂片，放于隔膜的中间，使之与正极片刚好正对。

（8）用镊子夹取镍网或弹簧垫片，凸出面朝下，放于电池壳的中间，使之与锂片紧密接触。

（9）往镍网或弹簧垫片上滴 4 ~ 5 滴电解液。

（10）用镊子夹取负极壳，开口朝下，对齐后放入正极壳，并用镊子轻压壳中央使其紧凑。

（11）在手套箱内将组装好的扣式电池用封口机冲压封装。

（12）将封装好的电池取出，用万用表测量组装好的扣式电池电压，一般要求开路电压≥2.0 V。剔除电压不合格电池，合格电池静置待用。

五、数据记录

记录相关实验数据。

六、思考题

扣式锂离子电池组装过程若隔膜褶皱、破损或未完全覆盖住正极，会对扣式电池产生什么样的影响？

实验十四　锂离子电池综合电性能测试

（8 学时）

一、实验目的

（1）掌握电池充放电测试系统操作使用方法；

（2）掌握锂离子电池充放电容量测试方法以及计算电池充放电效率和克容量；

（3）掌握锂离子电池循环寿命测试方法，并能进行相关数据处理；

（4）掌握锂离子电池放电倍率测试方法，并能进行相关数据处理。

二、实验原理

电极材料组装成电池后，一般需要对其进行充放电测试其综合电化学性能（主要包括容量、倍率性能和循环寿命）。充电方法分恒流充电和恒压充电两种。锂离子电池电性能测试通常会用到的方法是先恒流充电至某一上限电压，再恒压充电直至某一下限电流（截止电流）。放电方法分恒流放电和恒阻放电两种。此外，还有连续放电与间歇放电。连续放电是指在规定放电条件下，连续放电至终止电压。间歇放电是指电池在规定的放电条件下，放电间断进行，直到所规定的终止电压为止。

电池放电时，电压下降到不宜再继续放电的最低工作电压称为终止电压。一般在低温或大电流放电时，终止电压低些。因为这种情况下，电极极化大，活性物质不能得到充分利用，电池电压下降较快。小电流放电时，终止电压可稍高。因小电流放电，电极极化小，活性物质能得到充分利用。锂离子电池电性能测试过程中一般采用恒流放电至某一终止电压。

在谈到电池容量或能量时，必须指出放电电流大小或放电条件，通常用放电率表示。放电率指放电时的速率，常用“时率”和“倍率”表示。时率是指以放电时间（h）表示的放电速率，即以一定的放电电流放完额定容量所需的小时数。“倍率”指电池在规定时间内放出其额定容量所输出的电流值，数值上等于额定容量的倍数。

电池放电电流（I）、电池容量（C）、放电时间（t）的关系为

$$I = C/t$$

“倍率”习惯用 C 表示，2C 放电就是 2“倍率”的放电。“倍率”放电是我们的习惯说法，如：0.2C 放电即为放电时间 $t = 1/0.2 = 5$（h），放电电流 $I =$ 电池容量 × 0.2 A。通常我们用 0.2C 的倍率进行锂离子电池的容量测试。电池所测容量与正极活性物质质

量比即为实际测定的正极材料克容量。而首次充放电循环过程中放电容量与充电容量的比值即为首次充放电效率（首次效率）。

为表征电池的大电流放电性能，通常以 C 比率（C Rate）来衡量，即以不同倍率放电之间的放电容量比。如，分别以 0.2C、0.5C、1C、2C 放电，以 0.2C 放电容量为 1，将 0.5C、1C、2C 放电容量除以 0.2C 的放电容量，便得到 0.5C、1C、2C 的 C 比率（百分数）。

锂离子电池经历一次充放电，称一个周期。在一定的放电制度下，电池容量降至规定值之前，电池所经受的循环次数，称循环寿命。循环寿命与放电倍率大小有关，通常我们用 1C 充放来测试循环寿命，电池容量降至初始的 80% 时为我们标定的寿命。

三、实验仪器与用品

仪器：蓝奇 BK-6808 系列可充电电池性能检测系统。

用品：实验室自制扣式锂离子电池。

四、实验步骤

（1）将扣式锂离子电池置于电池检测系统夹板上，按夹具正负极标识夹好；

（2）启动计算机，打开电池检测系统电源开关，同时打开房间空调开关，设定好电池测试环境温度（如 25 °C）；

（3）打开计算机桌面上的“BK-6808 V2.2”软件，检查是否联机，未联机点击联机按钮；

（4）设定好待测电池活性物质的理论克容量，对应电池中活性物质质量，分别计算出不同倍率充放电时对应的电流设定值，同时确认充放电电压范围。

以下以 $LiNi_{1/3}Co_{1/3}Mn_{1/3}O_2$ 为正极材料的扣式锂离子电池为例，简述其电性能测试流程。

1．电池充放电容量测试

（1）选定软件界面上对应待测电池图标，点击右键弹出菜单。

（2）左键单击右键菜单中“启动工作”按钮，设定测试流程参数：

① 以 0.2C 倍率电流恒流充电至上限电压 4.3 V，然后恒压充电至截止电流为 0.05C；

② 休眠 10 min；

③ 以 0.2C 倍率电流恒流放电至终止电压 2.8 V；

④ 休眠 10 min；

⑤ 结束。

（3）保存流程，点击“发送”按钮开始测试。

（4）测试完成后导出数据，处理数据，画出充放电曲线图。

2．电池循环寿命测试（10 cycle）

（1）选定软件界面上对应待测电池图标，点击右键弹出菜单。

（2）左键单击右键菜单中“启动工作”按钮，设定测试流程参数：

① 以 1*C* 倍率电流恒流充电至上限电压 4.3 V，然后恒压充电至截止电流为 0.05*C*；

② 休眠 10 min；

③ 以 1*C* 倍率电流恒流放电至终止电压 2.8 V；

④ 休眠 10 min；

⑤ 重复①～④ 步骤 1 000 次；

⑥ 结束。

（3）保存流程，点击“发送”按钮开始测试。

（4）测试完成后导出数据，处理数据，画出循环曲线图。

3．电池放电倍率测试（02*C*-05*C*-1*C*-2*C*）

（1）选定软件界面上对应待测电池图标，点击右键弹出菜单。

（2）左键单击右键菜单中“启动工作”按钮，设定测试流程参数：

① 以 0.5*C* 倍率电流恒流充电至上限电压 4.3 V，然后恒压充电至截止电流为 0.05*C*；

② 休眠 10 min；

③ 以 0.2*C* 倍率电流恒流放电至终止电压 2.8 V；

④ 休眠 10 min；

⑤ 重复①～④步骤 5 次；

⑥ 以 0.5*C* 倍率电流恒流充电至上限电压 4.3 V，然后恒压充电至截止电流为 0.05*C*；

⑦ 休眠 10 min；

⑧ 以 0.5*C* 倍率电流恒流放电至终止电压 2.8 V；

⑨ 休眠 10 min；

⑩ 重复⑥～⑨步骤 5 次；

⑪ 以 0.5*C* 倍率电流恒流充电至上限电压 4.3 V，然后恒压充电至截止电流为 0.05*C*；

⑫ 休眠 10 min；

⑬ 以 1*C* 倍率电流恒流放电至终止电压 2.8 V；

⑭ 休眠 10 min；

⑮ 重复⑪～⑭步骤 5 次；

⑯ 以 0.5C 倍率电流恒流充电至上限电压 4.3 V，然后恒压充电至截止电流为 0.05C；

⑰ 休眠 10 min；

⑱ 以 2C 倍率电流恒流放电至终止电压 2.8 V；

⑲ 休眠 10 min；

⑳ 重复⑯～⑲步骤 5 次；

㉑ 结束。

（3）保存流程，点击“发送”按钮开始测试。

（4）测试完成后导出数据，处理数据，画出放电倍率图。

五、数据记录与处理

记录相关实验数据，对相关数据进行处理。

六、思考题

锂离子电池电性能测试过程中为何充电或放电结束后需要静置 10 min?

参考文献

[1] ARMAND M, TARASCON J M. Building better batteries[J]. Nature, 2008, 451:652-657.

[2] MURPHY D W, BROODHEAD J, STEEL B C. Materials for advanced batteries[M]. New York: Plenum Press, 1980.

[3] 郭炳昆，徐微，王先友，等. 锂离子电池[M]. 长沙：中南大学出版社，2002.

[4] 吴宇平，戴晓兵，马军旗，等. 锂离子电池应用与实践[M]. 北京：化学工业出版社，2004.

[5] 陈占军，尖晶石型 $LiNi_{0.5}Mn_{1.5}O_4$ 晶体的晶面调控及其对电化学性能的影响[D]. 广州：华南师范大学，2015.

[6] 王伟东，仇卫华，丁倩倩. 锂离子电池三元材料——工艺技术及生产应用[M]. 北京：化学工业出版社，2015.

[7] DAHN J R, SACKEN U V, JUZKOW M W. Rechargeable $LiNiO_2$/Carbon cells[J]. J. Electrochem. Soc., 1991, 138(8): 2207-2211.

[8] GUYOMARD D, TARASCON J M. The carbon/$Li_{1+x}Mn_2O_4$ system[J]. Solid State Ionics, 1994, 69(3-4): 222-237.

[9] AURBACH D, EIN-ELI Y, CHUSID O. The correlation between the surface chemistry and the performance of Li/carbon intercalation anodes for rechargeable "Rocking-chair" type batteries[J]. J. Electrochem. Soc., 1994, 141(3): 603-611.

[10] GOODENOUGH J B, KIM Y. Challenges for rechargeable Li batteries[J]. Chem. Mater., 2010, 22(3):587-603.

[11] HUISMAN R, de JONGE R, HAAS C, et al. Trigonal prismatic coordination in solid compounds of transition metals[J]. J. Solid State Chem., 1971, 3(1): 56-66.

[12] WAKIHARA M. Recent developments in lithium ion batteries[J]. Mater. Sci. Eng. R., 2001, 33(4): 109-134.

[13] MIYAZAKI S, KIKKAWA S, KOIZUMI M. Chemical and electrochemical deintercalations of the layered compounds $LiMO_2$ (M = Cr, Co) and $NaM'O_2$ (M' = Cr, Fe, Co, Ni)[J]. Synthetic metals, 1983, 6:211-217.

[14] WU E J, TEPESCH P D, CEDER G. Size and charge effects on the structural stability of $LiMO_2$ (M = transition metal) compounds[J]. Philosophical Magazine B, 1998, 77:1039-1047.

[15] MIZUSHIMA K, JONES P C, WISEMAN P J, et al. Li_xCoO_2 ($0<x<-1$): a new cathode material for batteries of high energy density[J]. Mater. Res. Bull., 1980, 15(6):783-789.

[16] WAKIHARA M. Recent developments in lithium ion batteries[J]. Mater. Sci.Eng. R., 2001, 33 (4): 109-134.

[17] FAUTH F, SUARD E, CAIGNAERT V. Intermidiate spin state of Co^{3+} and Co^{4+} ions in $La_{0.5}Ba_{0.5}CoO_3$ evidenced by Jahn-Teller distortions[J]. Phys. Rev. B, 2001, 65:060401(R).

[18] TAKAHASHI Y, KIJIMA N, DOKKO K, et al. Structure and electron density analysis of electrochemically and chemically delithiated $LiCoO_2$ single crystals[J]. J. Solid State Chem., 2007, 180(1): 313-321.

[19] van ELP J, WIELAND J L, ESKES H, et al. Electronic structure of CoO, Li-doped CoO, and $LiCoO_2$[J]. Phys. Rev. B, 1991, 44: 6090-6103.

[20] MOLENDA J, STOKLOSA A, BAK T. Modification in the electronic structure of cobalt bronze Li_xCoO_2 and the resulting electrochemical properties[J]. Solid State Ionics, 1989, 36(1-2): 53-58.

[21] GOODENOUGH J B, KIM Y. Challenges for rechargeable Li batteries[J]. Chem. Mater., 2010, 22(3): 587-603.

[22] CHEBIAM R V, PRADO F, MANTHIRAM A. Soft chemistry synthesis and characterization of layered $Li_{1-x}Ni_{1-y}Co_yO_{2-\delta}$ ($0\leqslant x\leqslant 1$ and $0\leqslant y\leqslant 1$)[J]. Chem. Mater., 2001, 13(9): 2951-2957.

[23] EDEL J, POZZI G, SABBIONI E, et al. Metabolic and toxicological studies on cobalt[J]. Sci Total Environ., 1994, 150(1-3): 233-244.

[24] ZHANG S S, XU K, JOW T R. Charge and discharge characteristics of a commercial $LiCoO_2$-based 18650 Li-ion batteries[J]. J. Power Sources, 2006, 160(2): 1403-1409.

[25] VENKATRAMAN S, SHIN Y, MANTHIRAM A. Phase relationships and structural and chemical stabilities of charged $Li_{1-x}CoO_{2-\delta}$ and $Li_{1-x}Ni_{0.85}Co_{0.15}O_{2-\delta}$ cathodes[J]. Electrochem. Solid-State Lett., 2003, 6(1): A9-A12.

[26] ARAI H, OKADA S, SAKURAI Y, et al. Reversibility of $LiNiO_2$ cathode[J]. Solid State Ionics, 1997, 95(3-4): 275-282.

[27] DELMAS C, PÉRÈS J P, ROUGIER A, et al. On the behavior of the Li_xNiO_2 system: an electrochemical and structural overview[J]. J. Power Sources, 1997, 68(1): 120-125.

[28] ARAI H, TSUDA M, SAITO K, et al. Thermal reactions between delithiated lithium nickelate and electrolyte solutions[J]. J. Electrochem. Soc., 2002, 149(4): A401-A406.

[29] CEDER G, MISHRA S K. The stability of orthorhombic and monoclinic-layered $LiMnO_2$[J]. Electrochem. Solid-State Lett., 1999, 2(11): 550-552.

[30] JOUANNEAU S, MACNEIL D D, LU Z, et al. Morphology and safety of $Li[Ni_xCo_{1-2x}Mn_x]O_2$ ($0<x<1/2$)[J]. J. Electrochem. Soc., 2003, 150(10): A1299-A1304.

[31] LIU Z L, YU A S, LEE J Y. Synthesis and characterization of $LiNi_{1-x-y}Co_xMn_yO_2$ as the cathode materials of secondary lithium batteries[J]. J. Power Sources, 1999, 81-82: 416-419.

[32] OHZUKU T, MAKIMURA Y. Layered lithium insertion material of $LiCo_{1/3}Ni_{1/3}Mn_{1/3}O_2$ for lithium-ion batteries[J]. Chem. Lett, 2001, 30(7): 642-674.

[33] LI G H, AZUMA H, TOHDA M. Optimized $LiMn_yFe_{1-y}PO_4$ as the cathode for lithium batteries[J]. J. Electrochem. Soc., 2002, 149(6): A743-A747.

[34] YONEMURA M, YAMADA A, TAKEI Y, et al. Comparative kinetic study of olivine Li_xMPO_4(M = Fe, Mn)[J]. J. Electrochem. Soc., 2004, 151(9): A1352-A1356.

[35] DELACOURT C, LAFFONT L, BOUCHET R, et al. Toward understanding of electrical limitations(electronic, ionic) in $LiMPO_4$(M=Fe, Mn) electrode materials[J]. J. Electrochem. Soc., 2005, 152(5): A913-A921.

[36] YAMADA A, CHUNG S C. Crystal chemistry of the olivine-type $Li(Mn_yFe_{1-y})PO_4$ and $(Mn_yFe_{1-y})PO_4$ as possible 4 V cathode materials for lithium batteries[J]. J. Electrochem. Soc., 2001, 148(8): A960-A967.

[37] ZHOU F, KANG K S, MAXISCH T, et al. The electronic structure and band gap of $LiFePO_4$ and $LiMnPO_4$[J]. Solid State Commun., 2004, 132(3-4): 181-186.

[38] PADHI A K, NANJUNDASWAMY K S, GOODENOUGH J B. Phospho-olivines as positive electrode materials for rechargeable lithium batteries[J]. J. Electrochem. Soc., 1997, 144(4): 1188-1194.

[39] YANG S F, SONG Y N, ZAVALIJ P Y, et al. Reactivity, stability and electrochemical behavior of lithium iron phosphates[J]. Electrochem. Commun., 2002, 4(3): 239-244.

[40] YAMADA A, KOIZUMI H, NISHIMURA S I, et al. Room-temperature miscibility

gap in Li_xFePO_4[J]. Nat. Mater., 2006, 5(5): 357-360.

[41] PADHI A K, NANJUNDASWAMY K S, MASQUELIER C, et al. Effect of structure on the Fe^{3+}/Fe^{2+} redox couple in iron phosphates[J]. J. Electrochem. Soc., 1997, 144(5): 1609-1613.

[42] YAMADA A, CHUNG S C, HINOKUMA K. Optimized $LiFePO_4$ for lithium battery cathodes[J]. J. Electrochem. Soc., 2001, 148(3): A224-A229.

[43] ZHOU F, KANG K, MAXISCH T, et al. The electronic structure and band gap of $LiFePO_4$ and $LiMnPO_4$[J]. Solid State Commun., 2004, 132(3-4): 181-186.

[44] WOLFENSTINE J, ALLEN J. $LiNiPO_4$-$LiCoPO_4$ solid solutions as cathodes[J]. J. Power Sources, 2004, 136(1): 150-153.

[45] WOLFENSTINE J, ALLEN J. Ni^{3+}/Ni^{2+} redox potential in $LiNiPO_4$[J]. J. Power Sources, 2005, 142(1-2): 389-390.

[46] QUINTANA P, LEAL J, HOWIE R A, et al. Li_2ZrO_3: a new polymorph with the α-$LiFeO_2$ structure[J]. Mater. Res. Bull., 1989, 24(11): 1385-1389.

[47] SENGUPTA S. An investigation of manganese based electrode materials for use in lithium ion batteries[D]. Toronto: University of Toronto, 2005.

[48] WALDNER K F, LAINE R M, DHUMRONGVARAPORN S, et al. Synthesis of a double alkoxide precursor to spinel ($MgAl_2O_4$) directly from $Al(OH)_3$, MgO, and triethanolamine and its pyrolytic transformation to spinel[J]. Chem. Mater., 1996, 8(12):2850-2857.

[49] SCRUGGS D M. Ductile tungsten composition containing a spinel dispersed uniformly throughout[P]. United States Patent, 1967.

[50] CESTEROS Y, SALAGRE P, MEDINA F, et al. Preparation and characterization of several high-area $NiAl_2O_4$ spinels. Study of their reducibility[J]. Chem. Mater., 2000, 12(2): 331-335.

[51] ARILLO M A, LÓPEZ M L, PICO C, et al. Magnetic behavior of the $LiFeTiO_4$ spinel[J]. Chem. Mater., 2005, 17(16): 4162-4167.

[52] VERMA S, JOSHI H M, JAGADALE T, et al. Nearly monodispersed multifunctional $NiCo_2O_4$ spinel nanoparticles: magnetism, infrared transparency, and radio frequency absorption[J]. J. Phys. Chem. C, 2008, 112(39): 15106-15112.

[53] VESTAL C R, ZHANG J Z. Effects of surface coordination chemistry on the magnetic properties of $MnFe_2O_4$ spinel ferrite nanoparticles[J]. J. Am. Chem. Soc., 2003, 125(32): 9828-9833.

[54] ROUSSE G, MASQUELIER C, RODRÍGUEZ-CARVAJAL J, et al. X-ray study of

the spinel $LiMn_2O_4$ at low temperatures[J]. Chem. Mater., 1999, 11(12): 3629-3635.

[55] ALDON L, KUBIAK P, WOMES M, et al. Chemical and electrochemical Li-insertion into the $Li_4Ti_5O_{12}$ spinel[J]. Chem. Mater., 2004, 16(26): 5721-5725.

[56] THACKERAY M M, DAVID W I F, BRUCE P G, et al. Lithium insertion into manganese spinels[J]. Mater. Res. Bull., 1983, 18(4): 461-472.

[57] DANIEL C, BESENHARD J O. Handbook of battery materials[M]. Weinheim: Wiley-VCH, 2011.

[58] THACKERAY M M, de KOCK A, ROSSOUW M H, et al. Spinel electrodes from the Li-Mn-O system for rechargeable lithium battery applications[J]. J. Electrochem. Soc., 1992, 139(2): 363-366.

[59] TARASCON J M, WANG E, SHOKOOHI F K, et al. The spinel phase of $LiMn_2O_4$ as a cathode in secondary lithium cells[J]. J. Electrochem. Soc., 1991, 138(10): 2859-2864.

[60] HUANG H T, BRUCE P G. 3 V and 4 V lithium manganese oxide cathodes for rechargeable lithium batteries[J]. J. Power Sources, 1995, 54(1): 52-57.

[61] TARASCON J M, GUYOMARD D. Li metal-free rechargeable batteries based on $Li_{1+x}Mn_2O_4$ cathodes ($0 \leqslant x \leqslant 1$) and carbon anodes[J]. J. Electrochem. Soc., 1991, 138(10): 2864-2868.

[62] BERG H, RUNDLÖV H, THOMAS J O. The $LiMn_2O_4$ to λ-MnO_2 phase transition studied by in situ neutron diffraction[J]. Solid State Ionics, 2001, 144(1-2): 65-69.

[63] OHZUKU T, KATO J, SAWAI K, et al. Electrochemistry of manganese dioxide in lithium nonaqueous cells: Ⅳ. Jahn-Teller deformation of MnO_6 octahedron in Li_xMnO_2[J]. J. Electrochem. Soc., 1991, 138(8): 2556-2560.

[64] HUNTER J C. Preparation of a new crystal form of manganese dioxide: λ-MnO_2[J]. J. Solid State Chem., 1981, 39(2): 142-147.

[65] GUMMOW R J, de KOCK A, THACKERAY M M. Improved capacity retention in rechargeable 4 V lithium/lithium-manganese oxide (spinel) cells[J]. Solid State Ionics, 1994, 69(1): 59-67.

[66] ZHAO J Q, WANG Y. Ultrathin surface coatings for improved electrochemical performance of lithium ion battery electrodes at elevated temperature[J]. J. Phys. Chem. C, 2012, 116(22): 11867-11876.

[67] JUNG S C, HAN Y K. How do Li atoms pass through the Al_2O_3 coating layer during lithiation in Li-ion batteries?[J]. J. Phys. Chem. Lett., 2013, 4(16): 2681-2685.

[68] SUN Y K, HONG K J, PRAKASH J. The effect of ZnO coating on electrochemical

cycling behavior of spinel $LiMn_2O_4$ cathode materials at elevated temperature[J]. J. Electrochem. Soc., 2003, 150(7): A970-A972.

[69] MASSAROTTI V, CAPSONI D, BINI M, et al. Characterization of Sol-Gel $LiMn_2O_4$ spinel phase[J]. J. Solid State Chem., 1999, 147(2): 509-515.

[70] SAITOH M, SANO M, FUJITA M, et al. Studies of capacity losses in cycles and storages for a $Li_{1.1}Mn_{1.9}O_4$ positive electrode[J]. J. Electrochem. Soc., 2004, 151(1): A17-A22.

[71] DARLING R, NEWMAN J. Dynamic monte carlo simulations of diffusion in $Li_yMn_2O_4$[J]. J. Electrochem. Soc., 1999, 146(10): 3765-3772.

[72] YAO Y C, DAI Y N, YANG B, et al. Surface modification and characterization of F-Co doped spinel $LiMn_2O_4$[J]. Rare Metals, 2006, 25(6): 33-38.

[73] CAPSONI D, BINI M, CHIODELLI G, et al. Inhibition of Jahn-Teller cooperative distortion in $LiMn_2O_4$ spinel by Ga^{3+} doping[J]. J. Phys. Chem. B, 2002, 106(30): 7432-7438.

[74] TONG Q S, YANG Y, SHI J C, et al. Synthesis and storage performance of the doped $LiMn_2O_4$ spinel[J]. J. Electrochem. Soc., 2007, 154(7): A656-A667.

[75] SHI S Q, OUYANG C Y, WANG D S, et al. The effect of cation doping on spinel $LiMn_2O_4$: a first-principles investigation[J]. Solid State Commun., 2003, 126(9): 531-534.

[76] LIN Y, YANG Y, MA H W, et al. Compressional behavior of bulk and nanorod $LiMn_2O_4$ under nonhydrostatic stress[J]. J. Phys. Chem. C, 2011, 115(20): 9844-9849.

[77] HWANG B J, WANG C Y, CHENG M Y, et al. Morphology and electrochemical investigation of $LiMn_2O_4$ thin film cathodes deposited by radio frequency sputtering for lithium microbatteries[J]. J. Phys. Chem. C, 2009, 113(26): 11373-11380.

[78] GEORGE J N, BRICE N C, ALDO A P, et al. Microstructural effects on electronic charge transfer in Li-ion battery cathodes[J]. J. Electrochem. Soc., 2012, 159(5): A598-A603.

[79] KIM J S, KIM K S, CHO W, et al. A truncated manganese spinel cathode for excellent power and lifetime in lithium-ion batteries[J]. Nano Lett., 2012, 12(12): 6358-6365.

[80] SIGALA C, GUYOMARD D, VERBAERE A, et al. Positive electrode materials with high operating voltage for lithium batteries: $LiCr_yMn_{2-y}O_4$ $(0 \leqslant y \leqslant 1)$[J]. Solid State Ionics, 1995, 81(3-4): 167-170.

[81] SIGALA C, VERBAERE A, MANSOT J L, et al. The Cr-substituted spinel Mn oxides $LiCr_yMn_{2-y}O_4(0 \leqslant y \leqslant 1)$: rietveld analysis of the structure modifications induced by the electrochemical lithium deintercalation[J]. J. Solid State Chem., 1997, 132(2): 372-381.

[82] CAREY G H, DAHN J R. Combinatorial synthesis of mixed transition metal oxides for lithium-ion batteries[J]. ACS Comb. Sci., 2011, 13(2): 186-189.

[83] DAVIDSON I J, MCMILLAN R S, MURRAY J J. Rechargeable cathodes based on $Li_2Cr_xMn_{2-x}O_4$[J]. J. Power Sources, 1995, 54(2): 205-208.

[84] SUZUKI S, TOMITA M, OKADA S, et al. Valence analysis of transition metal ions in spinel $LiMnMO_4$ (M = Ti, Cr, Mn, Co) by electron energy loss spectroscopy[J]. J. Phys. Chem. Solids, 1996, 57(12): 1851-1856.

[85] EIN-ELI Y, Jr HOWARD W F. $LiCu_x^{II}Cu_y^{III}Mn_{[2-(x+y)]}^{III,IV}O_4$: 5 V cathode materials[J]. J. Electrochem. Soc., 1997, 144(8): L205-L207.

[86] EIN-ELI Y, Jr HOWARD W F, LU S H, et al. $LiMn_{2-x}Cu_xO_4$ spinels $(0.1 < x < 0.5)$: a new class of 5 V cathode materials for Li batteries: Ⅰ. Electrochemical, structural, and spectroscopic studies[J]. J. Electrochem. Soc., 1998, 145(4): 1238-1244.

[87] KAWAI H, NAGATA M, KAGEYAMA H, et al. 5 V lithium cathodes based on spinel solid solutions $Li_2Co_{1+x}Mn_{3-x}O_8$: $-1 \leqslant x \leqslant 1$[J]. Electrochim. Acta, 1999, 45(1-2): 315-327.

[88] HUANG X K, LIN M, TONG Q S, et al. Synthesis of $LiCoMnO_4$ via a sol-gel method and its application in high power $LiCoMnO_4/Li_4Ti_5O_{12}$ lithium-ion batteries[J]. J. Power Sources, 2012, 202: 352-356.

[89] AMARILLA J M, ROJAS R M, PICO F, et al. Nanosized $LiM_yMn_{2-y}O_4$ (M=Cr, Co and Ni) spinels synthesized by a sucrose-aided combustion method: structural characterization and electrochemical properties[J]. J. Power Sources, 2007, 174(2): 1212-1217.

[90] KAWAI H, NAGATA M, TABUCHI M, et al. Novel 5 V spinel cathode $Li_2FeMn_3O_8$ for lithium ion batteries[J]. Chem. Mater., 1998, 10(11): 3266-3268.

[91] CHEN C J, GREENBLATT M, WASZCZAK J V. Lithium insertion compounds of $LiFe_5O_8$, $Li_2FeMn_3O_8$, $Li_2ZnMn_3O_8$[J]. J. Solid State Chem., 1986, 64(3): 240-248.

[92] ZHONG Q M, BONAKDARPOUR A, ZHANG M J, et al. Synthesis and electrochemistry of $LiNi_xMn_{2-x}O_4$ [J]. J. Electrochem. Soc., 1997, 144(1): 205-213.

[93] CABANA J, CASAS-CABANAS M, OMENYA F O, et al. Composition-structure relationships in the Li-ion battery electrode material $LiNi_{0.5}Mn_{1.5}O_4$[J]. Chem.

Mater., 2012, 24(15): 2952-2964.

[94] WEN W, KUMARASAMY B, MUKERJEE S, et al. Origin of 5 V electrochemical activity observed in non-redox reactive divalent cation doped $LiM_{0.5-x}Mn_{1.5+x}O_4$ ($0 < x < 0.5$) cathode materials: in situ XRD and XANES spectroscopy studies[J]. J. Electrochem. Soc., 2005, 152(9): A1902-A1911.

[95] MCCALLA E, ROWE A W, SHUNMUGASUNDARAM R, et al. Structural study of the Li-Mn-Ni oxide pseudoternary system of interest for positive electrodes of Li-ion batteries[J]. Chem. Mater., 2013, 25(6): 989-999.